■ 总主编／肖勇　傅祎

人体工程学

（第2版）

主　编　章　曲　谷　林

副主编　石　帅　徐舒婕

北京理工大学出版社
BEIJING INSTITUTE OF TECHNOLOGY PRESS

内容提要

本书以人体工程学的定义、起源和发展为起点，由浅入深地讲解了人体工程学的研究方法、内容及意义，人体工程学基础知识，人与环境，人体工程学与环境空间设计，人体工程学与家具设计，人体工程学与无障碍设计等内容，并提供了作品欣赏，内容丰富，编排合理。

本书可作为高等院校艺术设计类相关专业的教材，也可作为相关培训机构的教材和相关人员的自学用书。

图书在版编目（CIP）数据

人体工程学 / 章曲，谷林主编.—2版.—北京：北京理工大学出版社，2019.1
ISBN 978-7-5682-6377-1

Ⅰ.①人… Ⅱ.①章… ②谷… Ⅲ.①工效学－高等学校－教材 Ⅳ.①TB18

中国版本图书馆CIP数据核字（2018）第221194号

出版发行 / 北京理工大学出版社有限责任公司

社　　址 / 北京市海淀区中关村南大街5号

邮　　编 / 100081

电　　话 / （010）68914775（总编室）

　　　　　（010）82562903（教材售后服务热线）

　　　　　（010）68948351（其他图书服务热线）

网　　址 / http://www.bitpress.com.cn

经　　销 / 全国各地新华书店

印　　刷 / 河北鸿祥信彩印刷有限公司

开　　本 / 889毫米×1194毫米　1/16

印　　张 / 7　　　　　　　　　　　　　　　　　　　责任编辑 / 江　立

字　　数 / 179千字　　　　　　　　　　　　　　　　文案编辑 / 江　立

版　　次 / 2019年1月第2版　　2019年1月第1次印刷　责任校对 / 周瑞红

定　　价 / 58.00元　　　　　　　　　　　　　　　　责任印制 / 边心超

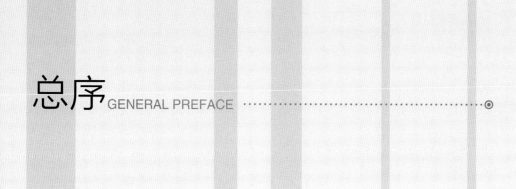

总序 GENERAL PREFACE

20 世纪 80 年代初，中国真正的现代艺术设计教育开始起步。20 世纪 90 年代末以来，中国现代产业迅速崛起，在现代产业大量需求设计人才的市场驱动下，我国各大院校实行了扩大招生的政策，艺术设计教育迅速膨胀。迄今为止，几乎所有的高校都开设了艺术设计类专业，艺术类专业已经成为最热门的专业之一，中国已经发展成为世界上最大的艺术设计教育大国。

但我们应该清醒地认识到，艺术和设计是一个非常庞大的教育体系，包括了设计教育的所有科目，如建筑设计、室内设计、服装设计、工业产品设计、平面设计、包装设计等，而我国的现代艺术设计教育尚处于初创阶段，教学范畴仍集中在服装设计、室内装潢、视觉传达等比较单一的设计领域，设计理念与信息产业的要求仍有较大的差距。

为了符合信息产业的时代要求，中国各大艺术设计教育院校在专业设置方面提出了"拓宽基础、淡化专业"的教学改革方案，在人才培养方面提出了培养"通才"的目标。正如姜今先生在其专著《设计艺术》中所指出的"工业 + 商业 + 科学 + 艺术 = 设计"，现代艺术设计教育越来越注重对当代设计师知识结构的建立，在教学过程中不仅要传授必要的专业知识，还要讲解哲学、社会科学、历史学、心理学、宗教学、数学、艺术学、美学等知识，以培养出具备综合素质能力的优秀设计师。另外，在现代艺术设计院校中，对设计方法、基础工艺、专业设计及毕业设计等实践类课程也越来越注重教学课题的创新。

理论来源于实践、指导实践并接受实践的检验，我国现代艺术设计教育的研究正是沿着这样的路线，在设计理论与教学实践中不断摸索前进。在具体的教学理论方面，几年前或十几年前的教材已经无法满足现代艺术教育的需求，知识的快速更新为现代艺术教育理论的发展提供了新的平台，兼具知识性、创新性、前瞻性的教材不断涌现出来。

随着社会多元化产业的发展，社会对艺术设计类人才的需求逐年增加，现在全国已有 1400 多所高校设立了艺术设计类专业，而且各高等院校每年都在扩招艺术设计专业的学生，每年的毕业生超过 10 万人。

随着教学的不断成熟和完善，艺术设计专业科目的划分越来越细致，涉及的范围也越来越广泛。我们通过查阅大量国内外著名设计类院校的相关教学资料，深入学习各相关艺术院校的成功办学经验，同时邀请资深专家进行讨论认证，发觉有必要推出一套新的，较为完整、系统的专业院校艺术设计教材，以适应当前艺术设计教学的需求。

我们策划出版的这套艺术设计类系列教材，是根据多数专业院校的教学内容安排设定的，所涉及的专业课程主要有艺术设计专业基础课程、平面广告设计专业课程、环境艺术设计专业课程、动画专业课程等。同时还以专业为系列进行了细致的划分，内容全面、难度适中，能满足各专业教学的需求。

本套教材在编写过程中充分考虑了艺术设计类专业的教学特点，把教学与实践紧密地结合起来，参照当今市场对人才的新要求，注重应用技术的传授，强调学生实际应用能力的培养。而且，每本教材都配有相应的电子教学课件或素材资料，可大大方便教学。

在内容的选取与组织上，本套教材以规范性、知识性、专业性、创新性、前瞻性为目标，以项目训练、课题设计、实例分析、课后思考与练习等多种方式，引导学生考察设计施工现场、学习优秀设计作品实例，力求教材内容结构合理、知识丰富、特色鲜明。

本套教材在艺术设计类专业教材的知识层面也有了重大创新，做到了紧跟时代步伐，在新的教育环境下，引入了全新的知识内容和教育理念，使教材具有较强的针对性、实用性及时代感，是当代中国艺术设计教育的新成果。

本套教材自出版后，受到了广大院校师生的赞誉和好评。经过广泛评估及调研，我们特意遴选了一批销量好、内容经典、市场反响好的教材进行了信息化改造升级，除了对内文进行全面修订外，还配套了精心制作的微课、视频，提供了相关阅读拓展资料。同时将策划出版选题中具有信息化特色、配套资源丰富的优质稿件也纳入到了本套教材中出版，以适应当前信息化教学的需要。

本套教材是对信息化教材的一种探索和尝试。为了给相关专业的院校师生提供更多增值服务，我们还特意开通了"建艺通"微信公众号，负责对教材配套资源进行统一管理，并为读者提供行业资讯及配套资源下载服务。如果您在使用过程中，有任何建议或疑问，可通过"建艺通"微信公众号向我们反馈。

诚然，中国艺术设计类专业的发展现状随着市场经济的深入发展将会逐步改变，也会随着教育体制的健全不断完善，但这个过程中出现的一系列问题，还有待我们进一步思考和探索。我们相信，中国艺术设计教育的未来必将呈现出百花齐放、欣欣向荣的景象！

肖 勇 傅 祎

"建艺通"微信公众号

前言 PREFACE ···◉

　　人体工程学是于20世纪40年代晚期兴起的一门边缘学科。由于其学科内容的综合性、涉及范围的广泛性及学科侧重点的多样性，人体工程学的学科命名具有多元化的特点。国际人体工程学会（International Ergonomics Association）将人体工程学定位为研究人在某种工作环境中的解剖学、生理学和心理学等方面的因素，研究人和机器及环境的相互作用，研究在工作、生活和休假时怎样统一考虑工作效率、健康、安全和舒适等问题的学科。《中国企业管理百科全书》则将该学科定位为研究人和机器、环境的相互作用及其合理结合，使设计的机器和环境系统适合人的生理、心理特点，达到在生产中提高效率、安全、健康和舒适的目的。简而言之，人体工程学是以人—机—环境的关系为研究对象，采用测量、模型工作、调查、数据处理等研究方法，通过对人体的生理特征、认知特征、行为特征以及人体适应特殊环境的能力极限等方面的研究，最终实现安全、健康、舒适和工作效率的最优化。

　　在人类的日常生活中，室内环境扮演着极为重要的角色，是满足人类各层次需要的核心。美国心理学家亚伯拉罕·马斯洛在需求层次理论中明确提出，人的需求从生理、安全、社交、自尊到自我实现共分为五个层次，在高层次的需求出现之前，低层次的需求必须在某种程度上先得到满足。生理需求可以简单理解为身体的基本需要，即在不受外界自然因素和人为干扰的前提下，拥有一个安全、健康的环境，让身体得到放松。在这个特定的场所中，室内家具与空间环境的舒适度直接决定了人们生理需求的满足程度，这就意味着人们需要进一步明确以积极有效的方式设计和改造环境的可能性。在此基础上，人体工程学致力于将人体的测量数据、感官反应、动作行为与室内家具、空间环境结合，发掘具体对象的不同层次需求标准，实现人—机—环境的和谐统一。

　　本书在首版基础上，主要做了以下几方面的改进和完善：一是配备了二维码资源，扫码即可观看相关的配套资料，这有助于读者全面了解学科相关知识及资讯；二是更新了书稿中陈旧的内容，引用了行业最新标准及规范；三是扩充了人体工程学中重要的基础理论知识，增加了与人体工程学应用相关的重要内容，如"人的心理与行为特征""人与热环境""人体工程学在景观设施设计中的应用"等；四是提供了部分遵循人体工程学原理设计的优秀作品，供读者欣赏并参考。

　　本书的修订、出版工作得到了相关院校老师的大力支持，引用和借鉴了相关著作、教材的理论成果，在此表示衷心感谢！

　　由于编者水平有限，编写时间仓促，书中难免存在不妥之处，请广大读者批评指正，以便再版时进一步修订完善。

编　者

目 录 CONTENTS

| 第一章 | 人体工程学概述 | 1 |

第一节　人体工程学的定义 ……………… 1
第二节　人体工程学的起源和发展 ………… 2
第三节　人机工程学的研究方法 …………… 2
第四节　人体工程学的研究内容及意义 …… 3

| 第二章 | 人体工程学基础知识 | 5 |

第一节　人体测量基本知识 ………………… 5
第二节　人体测量的方法 ………………… 14
第三节　人体感知系统对设计的影响 …… 16
第四节　人体运动系统对设计的影响 …… 21
第五节　人的心理与行为特征 …………… 22

| 第三章 | 人与环境 | 28 |

第一节　人与环境的关系概述 …………… 28
第二节　人与热环境 ……………………… 33
第三节　人与光环境 ……………………… 38
第四节　人与声环境 ……………………… 44
第五节　人与触觉环境 …………………… 46
第六节　人与空气环境 …………………… 48

| 第四章 | 人体工程学与环境空间设计 | 49 |

第一节　人体基本尺寸与室内空间 ……… 49
第二节　人体工程学在室内设计中的应用 …… 52
第三节　人体工程学在景观设施设计中的应用 ‥ 73

| 第五章 | 人体工程学与家具设计 | 78 |

第一节　人体基本动作分析 ……………… 78
第二节　人体工程学在坐卧类家具设计中的
　　　　应用 ……………………………… 79
第三节　人体工程学在凭依类家具设计中的
　　　　应用 ……………………………… 87
第四节　人体工程学在储存类家具设计中的
　　　　应用 ……………………………… 89

| 第六章 | 人体工程学与无障碍设计 | 91 |

第一节　无障碍设计基本知识 …………… 91
第二节　公共空间的无障碍设计 ………… 93
第三节　住宅空间的无障碍设计 ………… 98

| 第七章 | 作品欣赏 | 101 |

参考文献 ……………………………………… 106

第一章 人体工程学概述

第一节 人体工程学的定义

人体工程学（Human Engineering），也称人类工程学或人类工效学。工效学是由希腊语词根"工作、劳动"和"规律、效果"复合而成的，主要探讨人们的工作效果和劳动效能的规律。虽然该学科研究领域和应用范围较广，但其学科名称却并不统一，常见的名称包括人机工程学、生命科学工程等，不同的名称其研究的重点也略有差别。在室内外环境设计领域中，人体工程学研究"人—机—环境"系统中人（即使用者，特指人的心理特征、生理特征及人适应设备和环境的能力）、机（即设施，特指工具设施是否符合人的行为习惯和身体特点）、环境（即室内外环境，特指人生存环境中的噪声、照明、气温、交往习惯等因素对工作和生活的影响）三大要素之间的关联，它是为解决人的工作效能及健康问题提供理论与方法的一门科学，其定义为：以人为主体，运用人体测量、生理及心理测量等方法，研究人的结构功能、身体力学、社会心理等方面与室内外设计之间的协调关系，以符合安全、健康、高效、舒适等各层次需求，实现"人—机—环境"的和谐共存（图1-1）。

图 1-1　日常生活中的"人—机—环境"

第二节　人体工程学的起源和发展

【知识拓展】石器时代的工具

　　回顾人类的发展历程，从人类文明一开始，人体工程学的潜在意识就已经产生，并在适应和改造客观环境的同时不断发展演进。从大量的出土文物中可以看出，不同时期的遗址文物映射了不同程度的人体工程学的潜在意识。如旧石器时代以前的石器多为打制石器，质地粗糙，造型多呈自然形，棱角分明，不便于使用。新石器时代以后的石器多为磨制石器，表面光滑，盛放物品的器皿也设有方便使用的功能配件，并更多地考虑了器物的装饰美观性与功能合理性的结合。以中国古代的三足两耳鼎为例，其最初是用来烹煮食物的，三足间便于用火加热，设计两耳以便于挪移，装饰部位多集中在腰部以上，以符合古人席地而坐后的俯视欣赏角度。因此可以说，人体工程学的潜在意识在人类劳动实践中产生，并伴随着人类生活水平和文明程度的提高而不断发展完善。

　　随着现代工业化生产的开展，人体工程学作为一门专业科学逐渐成形。自工业革命以来，安全、健康和舒适度已成为人们密切关注的问题，在欧美地区尤其受到重视。20世纪初，F·W·泰勒（Frederick W. Taylor，1856—1915）在传统管理基础上进行劳动时间和工作方法的研究，首创了新的科学理论和一整套以提高工作效率为目的，省时、省力、高效的管理方法，这套管理方法被称为"泰勒制"，这是从理论上对人体工程学进行归纳研究的开始。

　　简而言之，人体工程学的发展大致经历了以下三个阶段：第一阶段，人适应机器的阶段。"一战"期间，英国成立了工业疲劳研究所，但人体工程学的研究还不是很普遍，这个阶段的主要研究者是心理学家，研究范围集中在从心理学的角度选择和培训使用者，使人能够更好地适应机器。第二阶段，机器适应人的阶段。"二战"期间，随着人们所从事的劳动在复杂度和负荷量上的变化，改善劳动条件和提高劳动效率成为主要问题。美国的人体工程学研究首先在军事和航天领域得到了巨大发展，由于战争的需要，新式武器和装备设施在使用过程中暴露了许多缺陷，如飞机驾驶员误读高度表导致意外失事、机舱位置安排不当导致战斗中操纵不灵活、命中率降低及导致意外事故等。众多失误使研究者深刻意识到"人"的重要性，同时意识到设计一个高效能的装置不仅要考虑技术和功能问题，还要考虑人的生理、心理、生物力学等方面的因素，力求使机器更适应人，这为人体工程学的进一步发展奠定了坚实基础。第三阶段，"人—机—环境"互相协调的阶段。20世纪60年代以后，随着人体工程学涉及领域和研究内容的不断扩展延伸，仅仅停留在人与机器的关系研究已经无法满足现代社会的需求，环境和能源问题已经成为人们不可逃避的现实问题。时至今日，如何使"人—机—环境"能够更健康、有效地和谐发展，已成为人体工程学研究的主要内容（图1-2）。

图1-2　人与自然环境

第三节　人体工程学的研究方法

一、调查法

　　调查法是获得有关研究对象资料的方法，具体包括以下三种方法。

1. 访谈法

访谈法是研究者通过询问交谈来收集有关资料的方法。访谈法可以是有严密计划的，也可以是随意的。无论采取哪种方法，都要尽量做到客观真实。

2. 考察法

考察法是研究实际问题时常用的方法。通过实地考察，发现现实的"人—机—环境"系统中存在的问题，能客观地反映研究成果的质量及实际应用价值。

3. 问卷法

问卷法是以问卷的形式挖掘与设计、制造有关信息的方法，发放问卷的目的是在人群中获取整体系统信息。要设计有价值的调查问卷，问卷应从全局角度考虑提出哪些方面的问题。

二、观测法

观测法是研究者通过观察、测定和记录自然情境下的现象来认知研究对象的一种方法。这种方法是在不影响事件的情况下进行的，观测者不介入研究对象的活动中，因此能避免对研究对象的影响，可以保证研究的自然性和真实性。例如，观测作业的时间消耗，流水线生产节奏是否合理，工作日的时间利用情况等。进行这类研究，需要借助仪器设备，如计时器、录像机等。

三、实验法

实验法是在人为控制的条件下，排除无关因素的干扰，系统地改变一定变量因素，以引起研究对象相应的变化来进行因果推论和变化预测的一种研究方法。在人体工程学研究中，这是一种很重要的方法，它的特点是可以系统控制变量，所研究的现象重复发生，反复观察，不必像观测法那样等待事件自然发生，研究结果容易验证，并且可对各种无关因素进行控制。实验法主要有实验室实验和自然实验两种形式。

四、计算机仿真

计算机仿真是运用电子计算机对系统的结构、功能和行为以及参与系统控制的人的思维过程和行为进行动态性的逼真模仿。它具有高效、安全、受环境条件的约束较少等优点，已成为分析、设计、运行、评价、培训系统（尤其是复杂系统）的重要工具。随着图形学和计算机技术的发展，目前已出现 CATIA、Pro/Engineer、Rhino3D、NURBS 等计算机辅助设计软件，可以在产品设计开发之初就将人机关系纳入设计考量的要素之中，进而对人的操作姿势、效率等因素进行分析，可以大大提高设计工效，降低设计成本。

第四节　人体工程学的研究内容及意义

随着人们对自身健康和环境质量的关注，中国的人体工程学研究作为一门新兴课题越来越受到各行各业的重视。从研究对象来看，人体工程学涵盖了技术科学和人体科学等许多交叉问题，它涉及生理学、心理学、解剖学、工程技术、劳动保护、环境控制、仿生学、人工智能、控制论、信息

论和生物技术等众多学科；其研究内容主要包括人体测量参数、心理学、生理学、解剖学等人体特性的研究，环境和安全性的研究，以及人机系统的整体研究。

近几年，由于室内设计行业的迅猛发展，人体工程学的运用随之得到了进一步的扩大和提高，对室内设计起到了很好的指导作用。简而言之，人体工程学的研究意义主要体现在以下几个方面：

（1）为确定人们在室内活动所需要的空间提供设计依据，根据相关人体测量数据，从人体尺寸、行为空间、心理空间与人际交往空间等角度，确定各种不同功能空间的划分和尺度，使空间更有利于人们活动（图1-3）。

（2）为确定家具、设施的尺度及使用范围提供设计依据。家具是室内空间的主体，其形态、尺度必须以人体尺寸及活动习惯为主要依据（图1-4）。

（3）提供符合人体需求的最佳室内环境。以人体工程学所提供的室内热环境、声环境、光环境、色彩环境等参数为依据，方便快捷地做出正确的设计定位。

（4）为室内视觉环境设计提供科学依据。人眼的视力、视野、光觉、色觉是视觉设计的参照要素，通过人体工程学计测得到的数据，能更科学有效地指导室内光照、色彩、视觉最佳区域等方面的设计（图1-5）。

（5）实现"以人为本"的人性化设计理念。从整体规划到细节设计，以人体工程学为指导，就意味着以人们使用的舒适程度为出发点，促使人们的生活、工作、娱乐等活动更加高效、安全、舒适、和谐。

图1-3　室内楼梯

图1-4　室内家具

图1-5　室内视觉环境

◎ 本章小结

本章介绍了人体工程学的定义、起源与发展、研究方法、研究内容及意义，可以加深学习者对人体工程学的理解。

◎ 思考与实训

1. 简述人体工程学的起源与发展。

2. 简述人体工程学的研究方法。

第二章 | 人体工程学基础知识

了解人体测量的基本知识，熟悉人体测量的方法及人体感知系统、运动系统、心理及行为特征与设计之间的关系。

能力目标

熟练掌握人体测量的相关知识并将其运用于相关设计。

第一节 ◯ 人体测量基本知识

一、人体测量数据的来源

1492 年，达·芬奇（Da Vinci）创作的人体比例图显示出一种理想的人体比例关系，即双臂的伸展距离和身体的高度相等，促使人体比例研究成为人体测量的基础（图 2-1）。

1940 年，人体测量学创立，积累了大量的人体测量数据。经过几十年的发展，很多参数需要不断地修订、更新，目前我们在设计中依据的测量数据主要来源于以下文件及标准：

（1）1962 年中国建筑科学研究院发表的《人体尺度的研究》中有关我国人体的测量值；

（2）1988 年我国正式颁布的 GB/T 10000—1988E《中国成年人人体尺寸》；

（3）1991 年颁布的 GB/T 12985—1991《在产品设计中应用人体尺寸百分位数的通则》；

（4）1992 年颁布的 GB/T 13547—1992《工作空间人体尺寸》；

（5）2017 年颁布的 GB/T 3324—2017《木家具通用技术条件》。

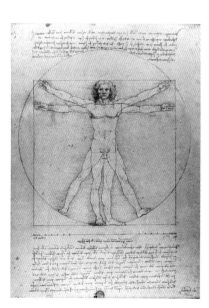

图 2-1 达·芬奇关于人体比例的
作品——维特鲁威人

二、人体测量数据的分类

人体测量数据可分为两类，即构造尺寸和功能尺寸。

构造尺寸，又可称为静态尺寸或结构尺寸，是人体处于固定的标准状态下测量所得的数据，根据不同标准状态和不同部位，可以测量到多种不同数据，如身高、手臂的长度、腿的长度等。构造尺寸主要为人们生活和工作中使用的各种设施、工具提供数据参考，如家具、服装、手动工具等。我国主要以 GB/T 10000—1988E《中国成年人人体尺寸》为设计依据。

功能尺寸，又可称为动态尺寸，是人体进行某种功能活动时肢体所能达到的空间范围，是由肢体运动的角度和长度相互协调而产生的范围尺寸，它是在动态的人体状态下测量所得的数据。功能尺寸的运用范围相对广泛，并且具备以下几个特征：第一，使用功能尺寸强调在完成动作时，人体各部分不是独立运转的，而是协调活动的；第二，明确人可以通过运动能力扩大活动范围；第三，强调手所达到的限度，并不是手臂尺寸的唯一结果；第四，明确通道的最小宽度不等于肩宽；第五，椅子的座面宽度并不等于臀部宽度。由此可见，功能尺寸对于解决空间范围及位置的问题具有尤为突出的指导意义（图2-2）。

图 2-2　座椅设计

三、人体尺寸的差异

【知识拓展】人类身高的变迁

由于存在各种复杂因素，人体尺寸测量只依赖积累的资料是不够的，还需要进行大量细致的分析工作，这包括个体与个体之间、群体与群体之间的众多差异。影响个体与群体差异的因素有以下几个：第一，不同的种族，由于遗传等诸多因素的影响，人体尺寸的差异十分明显，如越南人的平均身高为 1 605 mm，比利时人则为 1 799 mm，高差幅度多达 194 mm，这足以说明人体测量数据存在较大的种族差异；第二，在过去的百余年中，人们的身高增长是一个特别值得关注的问题，欧洲居民预计每 10 年身高增加 10 ~ 14 mm，近几年的调查表明51%的男性高于或等于1 753 mm，而 1960—1962 年仅有 38% 的男性达到这个高度，这说明人体测量数据存在着时代差异性；第三，性别、年龄和职业差异，一般来说，女人比男人娇小；第四，由于不同生活习惯和地理环境的影响，人体测量数据也存在着较大的地区差异（表2-1）。

表 2-1　我国人体身高与体重的平均值比较

测量项目		东北、华北	西北	东南	华中	华南	西南
男（18 ~ 60岁）	体重 /kg	64	60	59	57	56	55
	身高 /mm	1 693	1 684	1 686	1 669	1 650	1 647
女（18 ~ 55岁）	体重 /kg	55	52	51	50	49	50
	身高 /mm	1 586	1 575	1 575	1 560	1 549	1 546

四、百分位和平均值的概念

1. 百分位的概念

人体工程学将某一尺寸在一定范围内进行数值分段，并采用百分位来表示人体尺寸等级，即等于和小于某一尺寸的人占统计对象总数的百分比。常用的百分位有第 5 百分位、第 50 百分位和第 95 百分位，设计时根据使用对象的不同，选择其中的百分位尺寸数据作为设计参考。

以身高为例，第 5 百分位的人体尺寸表示有 5% 的人身高等于或小于这个尺寸，第 95 百分位的人体尺寸则表示有 95% 的人等干或小于这个尺寸；第 50 百分位的人体尺寸为适中的尺寸。

2. 平均值的概念

在选择数据时，第 50 百分位的数据可以说是接近平均值，但并不代表有"平均人"这样的尺寸，第 50 百分位只能说明某一项人体尺寸有 50% 的人适用。事实上，几乎没有任何人真正够得上"平均人"，美国某专家在讨论"平均人"的时候指出："没有平均的男人和女人存在，或许只是个别项目上处于平均值（如身高、体重或坐高等）。"

因此，在选择人体测量数据作为设计参考的时候，需要特别注意以下两点：第一，人体测量的每一个百分位数值，只表示具备某一项人体尺寸的人数比例；第二，绝对不存在各项人体尺寸同时处于同一百分位的"平均人"。

五、常用人体测量数据

我国成年人最常用的是以下 10 项人体构造尺寸（即静态测量数据）：身高、体重、坐高、臀部至膝盖长度、臀部的宽度、膝盖高度、膝弯高度、大腿厚度、臀部至膝弯长度及肘部之间的宽度。同时，由于人在不同的姿势下作业时，需要不同尺度的活动空间，因而人体功能尺寸（即动态测量数据）包括以下几种主要作业姿势所需的空间尺度：立姿、坐姿、单腿跪姿及仰卧姿势的活动空间（图 2-3）。更具体地讲，人体活动空间主要分为两大类：第一，人体处于静态时的肢体活动范围，即作业域；第二，人体处于动态时的全身活动空间，即作业空间。

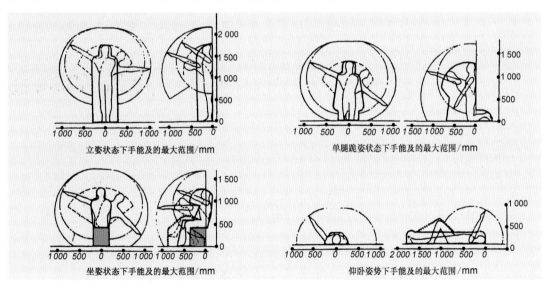

图 2-3　各种姿势下手能及的最大范围

1. 人的肢体活动范围

在工作和生活中，肢体围绕躯体做各种动作，这些由肢体的活动所划出的限定范围就是肢体的活动空间，其由肢体转动的角度和肢体的长度构成，在室内设计中常用的数据是人体上肢和手脚的作业域尺度。

人体上肢的作业域是指上肢在某一限定范围内均呈弧形的活动状态，由此形成包括左右水平面和上下垂直面动作范围的领域，在立姿、坐姿、单腿跪姿及仰卧姿势的活动状态下，均应选择第 95

百分位的上肢尺寸数据作为设计依据。

手脚的作业域是指站立或坐姿时手脚所能达到的范围，这个范围一般选择第 5 百分位的最小数值，以满足大多数人的使用要求。手脚的作业域也包括水平作业域及垂直作业域，手脚的水平作业域是指手臂在台面上左右水平运动的状态下形成的轨迹范围，具体包括手尽量外伸所形成的最大作业域和手臂自然放松运动所形成的通常作业域，其百分比数值可以作为确定台面上各种设备和物品摆放位置的设计参考；手脚的垂直作业域是指手臂伸直，以肩关节为轴上下运动所形成的轨迹范围，其百分比数值可以确定各种柜架搁板、挂件和拉手等的位置。例如在需要视线引导的情况下，各种柜架、搁板高度的适宜尺寸为：男性 ≤ 1 500 ~ 1 600 mm，女性 ≤ 1 400 ~ 1 500 mm；拉手高度的适宜尺寸为：办公室 1 000 mm，家庭 800 ~ 900 mm。

2. 人体全身活动空间

人体随时在变换姿势，并随着活动需要移动位置，这种姿势的变换和位置的移动所占用的空间构成了人体的活动空间。由于人体活动空间所需要的空间尺度总是大于作业域，因而人体全身活动空间需要从以下几方面进行设计考虑：第一，了解人在一定静态姿势下的手足活动空间的具体尺度；第二，人体在姿势变换的状态下所占用的空间，并不一定等于变换前的姿势和变换后的姿势所占用空间的简单组合，因为人体在进行姿势的改变时，由于力的平衡问题，其他的肢体同时也会运动，因而占用的空间可能大于前述的空间组合；第三，人体在移动的状态下所占用的空间，不仅要考虑人体本身占用的空间，还应考虑连续运动过程中由于运动所导致的肢体摆动或身体回旋余地所需要的空间。另外，人与物件的关系、人与人的相互作用也都可以作为室内外空间及具体构件设计的参考依据。

六、室内设计常用人体尺寸

在室内设计中，常用的人体尺寸主要包括以下几方面：

（1）身高，即人体直立，眼睛向前平视时从地面到头顶的垂直距离。人体身高的数据用于确定通道和门的最小高度，以及人体头顶上的障碍物高度。一般来说，建筑规范规定的门高适用于 99% 以上的人。值得注意的是，人体的身高尺寸一般是不穿鞋测量的，在选择某尺寸进行设计时应给予适当补偿。另外，在选择百分位的时候，由于主要的功用是确定净高，因而应该选用高百分位数据以适合大多数人使用。

（2）眼睛高度，即人体直立，眼睛向前平视时从地面到内眼角的垂直距离。这些测量数据可用于确定在剧院、礼堂、会议室等处人的视线，用于布置广告和其他展品，用于确定屏风和开敞式大办公室内隔断的高度，但在使用的时候必须加上鞋的高度，男性大约需加 25 mm，女性大约需加 48 mm。

（3）肘部高度，即从地面到人的前臂与上臂接合处可弯曲部分的距离。人体肘部高度的数据可以用于确定柜台、梳妆台、厨房案台、工作台，以及在站立状态下使用的其他工作表面的舒适高度。一般来说，最舒适的高度是低于人的肘部高度大约 76 mm。另外，要注意在确定上述高度时必须考虑活动的性质。

（4）挺直坐高，即人挺直坐着时，座椅表面到头顶的垂直距离。这些数据主要用于确定座椅上方障碍物的最低允许高度，如利用阁楼下部空间饮食或工作时，都需要根据这个关键尺寸来确定其高度，此外，它还可以确定办公室或其他场所的低隔断的尺寸，确定火车座隔断的尺寸、双层床铺的净空等。在坐姿状态下的眼睛高度可确定视线和最佳视区，坐姿时的肩高可确定火车座的高度等。由于涉及间距问题，采用第 95 百分位的测量数据是比较合适的。另外，在测量人体挺直坐高尺寸的时候，座椅的倾斜度、座椅软垫的弹性、衣服的厚度，以及人体坐着和站立时的活动也都是要考虑的重要因素。

（5）肩宽，即两个三角肌外侧的最大水平距离。肩宽数据可用于确定环绕桌子的座椅间距和影剧院礼堂中的排椅座位间距，也可用于确定公用和专用空间的通道间距，一般使用第 95 百分位的测量数据较为合适。选择这些数据时要注意可能涉及的变化，要考虑衣服的厚度，如薄衣服需要附加 7.6 mm，厚衣服则需要附加 7.9 mm。由于躯干和肩的活动，两肩之间所需的空间还要加大。

（6）两肘之间宽度，即两肘屈曲，自然靠近身体，前臂平伸时两肘外侧面之间的水平距离。这些数据可用于确定会议桌、书桌、柜台和牌桌周围座椅的位置。由于涉及间距问题，应该使用第 95 百分位的测量数据。

（7）臀部宽度，即臀部最宽部分的水平尺寸，这个尺寸也可以站着测量，站姿状态下的臀部宽度指的是下半部躯干的最大宽度。这些数据对于确定座椅内侧尺寸和酒吧、柜台、办公座椅的设计极为有用，由于涉及间距问题，应该使用第 95 百分位的测量数据。根据具体条件，臀部宽度的数据需要与两肘之间宽度和肩宽的数据结合使用。

（8）肘部平放高度，即从座椅表面到肘部尖端的垂直距离。这些数据主要用于确定椅子扶手、工作台、书桌、餐桌和其他特殊设备的高度，选择第 50 百分位的测量数据是合理的。在多数情况下，140 ~ 279 mm 的高度范围适合大部分人使用。

（9）大腿厚度，即从座椅表面到大腿与腹部交接处的大腿端部之间的垂直距离。这些数据是设计柜台、书桌、会议桌、家具等室内设备的关键尺寸（图 2-4）。由于这些设备都需要把腿放在工作面下面，特别是有直拉式抽屉的工作面，要使大腿与大腿上方的障碍物之间有适当的间隙，因而这些数据是必不可少的。由于涉及间距问题，应选用第 95 百分位的测量数据。

（10）膝盖高度，即从地面到膝盖骨中点的垂直距离。这些数据可以确定从地面到书桌、餐桌、柜台底面的距离，尤其适用于使用者需要把大腿部分放在家具下面的场合。在坐姿状态下，膝盖高度和大腿厚度是决定人体膝盖与家具底面之间靠近程度的关键尺寸，另外在测量时还需要考虑座椅高度和坐垫的弹性。一般情况下，为了保证适当的间距，应该选择第 95 百分位的测量数据。

（11）臀部到膝腿部长度，即从臀部最后面到小腿背面的水平距离，这个长度尺寸主要用于座椅的设计（图 2-5），尤其适用于确定腿的位置，确定长凳和靠背椅等前面的垂直面以及椅面的长度，同时在设计时需要考虑椅面的倾斜度。一般情况下，应该选用第 5 百分位的数据。

图 2-4 桌椅组合关系示意图　　　　**图 2-5 单人沙发**

（12）臀部至膝盖的长度，即从臀部最后面到膝盖骨前面的水平距离。这些数据主要用于确定椅背到膝盖前方的障碍物之间的距离，如影剧院和礼堂的固定排椅设计。由于涉及间距问题，应该选用第 95 百分位的数据。

（13）垂直手握高度，即人站立、手握横杆，然后将横杆上升到不使人感到不舒服或拉得过紧的限度为止，此时从地面到横杆顶部的垂直距离。这些数据主要用于确定开关、控制器、拉杆、把手、书架以及衣帽架等的最大高度。由于涉及举手拿东西的问题，如果选择高百分位的数据就不能适应身高较矮的人，因而设计应该以较矮的人为出发点，即选用第 5 百分位的测量数据，以适合大部分人使用。

（14）侧向手握距离，即人直立，右手侧向平伸握住横杆，一直伸展到没有感到不舒服或拉得过紧的位置，此时从人体中线到横杆外侧面的水平距离。这些数据有助于设备设计人员确定控制开关等装置的位置，还可以用于医院、实验室等特定场所。如果使用者是坐着的，这个尺寸可能会稍有变化，但仍能用于确定人侧面的书架位置。由于其主要作用是确定手握距离，因此选用第 5 百分位的测量数据是合理的。

常用各类人体尺寸参见表 2-2 至表 2-9。

表 2-2　人体主要尺寸

测量项目	18 ~ 60 岁（男）			18 ~ 55 岁（女）		
	5 %	50 %	95 %	5 %	50 %	95 %
身高 /mm	1 583	1 678	1 775	1 484	1 570	1 659
上臂长 /mm	289	313	338	262	284	302
前臂长 /mm	216	237	258	193	213	234
大腿长 /mm	428	465	505	402	438	476
小腿长 /mm	338	369	403	313	344	376
体重 /kg	48	59	75	42	52	66

表 2-3　立姿人体主要尺寸 a

测量项目	18 ~ 60 岁（男）			18 ~ 55 岁（女）		
	5 %	50 %	95 %	5 %	50 %	95 %
眼高 /mm	1 474	1 568	1 664	1 371	1 454	1 541
肩高 /mm	1 281	1 367	1 455	1 195	1 271	1 350
肘高 /mm	954	1 024	1 096	899	960	1 023
手功能高 /mm	680	741	801	650	704	757
会阴高 /mm	728	790	856	673	732	792
胫骨点高 /mm	409	444	481	377	410	444

表 2-4　立姿人体主要尺寸 b

测量项目	26 ~ 35 岁（男）			26 ~ 35 岁（女）		
	5 %	50 %	95 %	5 %	50 %	95 %
中指指尖点上举高 /mm	1 977	2 113	2 246	1 846	1 969	2 091
双臂功能上举高 /mm	1 872	2 009	2 141	1 742	1 861	1 980
两臂展开宽 /mm	1 587	1 698	1 805	1 459	1 562	1 661
两臂功能展开宽 /mm	1 378	1 489	1 594	1 250	1 348	1 440
两肘展开宽 /mm	818	877	937	758	812	870
立姿腹厚 /mm	160	191	230	153	187	233

表 2-5 坐姿人体主要尺寸 a

测量项目	18 ~ 60 岁（男）			18 ~ 55 岁（女）		
	5%	50%	95%	5%	50%	95%
坐高 /mm	858	908	958	809	855	901
坐姿颈椎点高 /mm	615	657	701	579	617	657
坐姿眼高 /mm	749	798	847	695	739	783
坐姿肩高 /mm	557	598	641	518	556	594
坐姿肘高 /mm	228	263	298	215	251	284
坐姿大腿厚 /mm	112	130	151	113	130	151
坐姿膝高 /mm	456	493	532	424	458	493
小腿加足高 /mm	383	413	448	342	382	405
坐深 /mm	421	457	494	401	433	469
臀膝距 /mm	515	554	595	495	529	570
坐姿下肢长 /mm	921	992	1063	851	912	975

表 2-6 坐姿人体主要尺寸 b

测量项目	26 ~ 35 岁（男）			26 ~ 35 岁（女）		
	5%	50%	95%	5%	50%	95%
前臂加手前伸长 /mm	417	448	478	383	414	443
前臂加手功能前伸长 /mm	311	344	375	278	307	334
上肢前伸长 /mm	779	835	892	712	765	820
上肢功能前伸长 /mm	675	731	788	606	658	710
坐姿中指指尖点上举高 /mm	1 255	1 343	1 428	1 176	1 253	1 331

表 2-7 跪姿、俯卧姿、爬姿人体主要尺寸

测量项目	18 ~ 60 岁（男）			18 ~ 55 岁（女）		
	5%	50%	95%	5%	50%	95%
跪姿体长 /mm	592	626	661	553	587	624
跪姿体高 /mm	1 190	1 260	1 330	1 137	1 196	1 258
俯卧姿体长 /mm	2 000	2 127	2 257	1 867	1 982	2 102
俯卧姿体高 /mm	364	372	383	359	369	384
爬姿体长 /mm	1 247	1 315	1 384	1 183	1 239	1 296
爬姿体高 /mm	761	798	836	694	738	783

表 2-8　人体主要水平尺寸

测量项目	18 ~ 60 岁（男）			18 ~ 55 岁（女）		
	5 %	50 %	95 %	5 %	50 %	95 %
胸宽 /mm	253	280	315	233	260	299
胸厚 /mm	186	212	245	170	199	239
肩宽 /mm	344	375	403	320	351	377
最大肩宽 /mm	398	431	469	363	397	438
臀宽 /mm	282	306	334	290	317	346
坐姿臀宽 /mm	295	321	355	310	344	382
坐姿两肘间宽 /mm	371	422	489	348	404	478
胸围 /mm	791	867	970	745	825	949
腰围 /mm	650	735	895	659	772	950
臀围 /mm	805	875	970	824	900	1 000

表 2-9　我国成人男女上肢功能尺寸

测量项目	18 ~ 60 岁（男）			18 ~ 55 岁（女）		
	5 %	50 %	95 %	5 %	50 %	95 %
立姿双手上举高 /mm	1 971	2 108	2 245	1 845	1 968	2 089
立姿双手功能上举高 /mm	1 869	2 003	2 138	1 741	1 860	1 976
立姿双手左右平展宽 /mm	1 579	1 691	1 802	1 457	1 559	1 659
立姿双臂功能平展宽 /mm	1 374	1 483	1 593	1 248	1 344	1 438
立姿双肘平展宽 /mm	816	875	936	756	811	869
坐姿前臂手前伸长 /mm	416	447	478	383	413	442
坐姿前臂手功能前伸长 /mm	310	343	376	277	306	333
坐姿上肢前伸长 /mm	777	834	892	712	764	818
坐姿上肢功能前伸长 /mm	673	730	789	607	657	707
坐姿双手上举高 /mm	1 249	1 339	1 426	1 173	1 251	1 328

七、人体测量数据的运用

1. 正确使用人体测量数据

（1）测量数据的选择。在选择测量数据之前，需要考虑使用者的年龄、性别、职业和民族等诸多因素，以确保室内环境和设施等更加适合使用对象的尺寸特征。需要注意以下几方面：第一，人体尺寸随年龄的增加而缩减，而体重、宽度、围长的尺寸随年龄的增加而增长。第二，对工作空间的设计，应该尽量适合 20 ~ 65 岁的人。第三，针对儿童进行的相关设计，一般情况下，只要儿童的头部可以通过，那么身体就可以通过。第四，对老年人而言，老年人的身高尺寸比年轻时低，举手拿东西的能力降低，大部分老年人的身高比年轻时矮 5%，手部力量下降 16% ~ 40%，臂力下降约 50%，腿部力量下降约 50%，肺活量下降约 35%，随年龄增长体形变小，鼻和耳朵的尺寸变大，体重每 10 年增加 2 kg。随着年龄的增长，老年人的嗅觉和味觉逐渐迟钝，视力、辨色能力下降，阅读时需要增加大约 20% 的照明。第五，一般女性身高比男性低 100 mm 左右，身体比例也不同，女性臀部较宽、肩窄，躯干比男性长，四肢相对较短。第六，针对不同地区、职业的设计，也需要选择不同的测量数据。

（2）百分位的运用。如以第 50 百分位的身高尺寸来确定门的净高，将导致 50% 的人有碰头危险；再如，小腿至脚高度（包括鞋高）的平均值是 460 mm，以此为依据设计的椅子会有 50% 的人的脚不能踩地；此外，座位平面高度的尺寸也不能使用平均值，而是需要选择较小的尺寸以适合更多人使用。

2. 人体测量数据的运用原则

在实际设计中，人体测量数据的运用不应该是盲目的，首先需要确定设计中最重要的尺度和使用群体。若将欧美地区的沙发搬到中国，其尺寸对中国人来说就显得有些大，坐起来也不舒服。因此，正确运用人体测量数据是设计人员必备的知识之一。人体测量数据的运用原则主要包括以下几方面：

（1）确定设计中最重要的尺度。

（2）确定设计的使用群体。

（3）尽量使用最新的人体尺寸数据。

（4）注意衣着情况和动态尺寸。

（5）正确使用舒适尺度和安全尺度。

（6）在不涉及安全的情况下，以"够得着的距离、容得下的空间"为选择人体数据百分位的总原则，即选用95%和 5% 的最大最小原则。例如，由人体总高度和宽度决定的门、通道、床等物体选用第 95 百分位，由人体某一部分的尺寸决定的座面高、手功能范围等物体选用第 5 百分位。在特殊情况下，选用第 1 百分位和第 99 百分位以消除不安全或危险因素。当测量数据不用于确定界限的情况下，可以选用第 50 百分位确定最佳范围。

（7）人体工程学提倡以"可调节性"作为选择人体数据百分位的另一原则，即在 5% ~ 95% 之间可以自行调节，以扩大使用范围，保证大部分人的使用更加合理和理想，例如升降座椅、可调节的搁板、靠背的倾角等功能的设计（图 2-6）。

图 2-6　升降座椅

八、产品功能尺寸的设定

1. 功能修正量

GB/T 10000—1988E《中国成年人人体尺寸》表中的数值均为裸体测量结果，在设计时必须考虑鞋、衣服等引起的尺寸变化，使用时应该增加修正余量。功能修正量包括着衣修正量、穿鞋修正量、姿势修正量。

2. 心理修正量

在设计某些产品时，需要考虑由于心理作用而引起的尺寸变化，这也是设计造型的关键因素。同一种物品，功能相同，但由于不同的使用者会产生不同的心理需求，因此可以随之设计出千变万化的造型形象。例如，同样是扶手椅，同样满足座椅功能，根据使用场所的不同，造型的变化可以多种多样；再如单人床宽度在 500 mm 就已满足人最大肩宽的要求，但为了满足人体的心理需求，单人床需要加大宽度到使人感到舒适的程度（图 2-7 ）。

3. 产品功能尺寸的确定

产品最小功能尺寸：人体尺寸百分位 + 功能修正量。

产品最佳功能尺寸：人体尺寸百分位 + 功能修正量 + 心理修正量。

图 2-7　床

例如，在设计双层床铺的时候，上层床铺的高度首先应该考虑室内层高，以确保人体在上层床铺的活动尺度，同时考虑使用者的身高，以确保下层空间的合理使用；上层床铺的护栏高度需要根据床板厚度、床垫厚度、被褥厚度、人体躺卧时的身体厚度与心理修正量之和进行定位，以确保上层床铺的使用者在熟睡时不会摔下来；爬梯尺寸也需要根据人体的相关尺寸进行设计，以保证上下的速度和安全性（图 2-8 和图 2-9 ）。

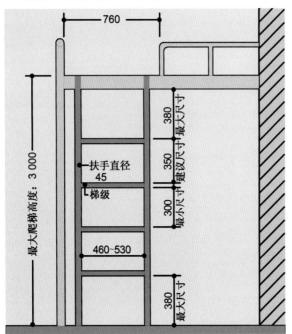

图 2-8　双层床铺的固定爬梯立面图（单位：mm）

图 2-9　双层床铺

第二节　人体测量的方法

人体测量的方法主要包括形态测量、运动测量、生理测量和心理测量。其中，人体长度尺寸、体形（即胖瘦）、体积、体表面积等项目的测量就是所谓的形态测量；人体关节的活动范围和肢体的活动空间的测定就是所谓的运动测量，如动作范围、动作过程、形体变化和皮肤变化等。

生理测量是指生理现象的测定，如疲劳测定、触觉测定、出力范围大小测定等，通过测量生理指标的变化，分析各种环境因素和物体之间的设计尺度参数对人体负荷与疲劳的影响，研究最佳设计方案。生理测量主要包括以下几方面：

（1）心率（Heart Rate, HR）。由于心脏跳动的速率受到精神因素、作业强度和环境温度等综合因素的影响，反映了劳动强度、作业负担及全身的生理负荷，不合理的座椅尺度和坐姿能够导致人体能量消耗增加、心率加快、疲劳度增大，因此，人体的心率可以作为研究、评价家具合理性和舒适性的设计参考。

（2）肌电图（Electromyogram, EMG）。肌电图是测量局部肌肉收缩放电，肌肉收缩时的放电记录曲线，它可以反映局部的肌肉负荷，符合人体工程学的设计，可以减少人体不必要的能量消耗，提高工作和休息的效率。因此，肌电图可以作为作业设计、姿势、机械和工具设计合理化和最优化的研究依据，另外，在座椅、沙发、床等家具尺度的设计中，肌电图也是一个最佳评价指标。

（3）闪频值（Critical Flicker Fusion Frequency, CFF）。对于闪烁的光源，当闪烁频率增大到某一数值的时候，就能感觉到它是连续光源，这种现象叫闪光融合，这时的频率叫闪光融合频率，也叫闪光融合值（简称闪频值）。人体在疲劳加剧、大脑意识水平下降的情况下，闪频值也随之下降，因此，闪频值可以作为评价室内光源和工作环境合理性的依据。

（4）脑电图（Electroencephalogram, EEG）。脑电图的频率和幅值是大脑清醒状态的主要反映，可以作为评价室内环境中的噪声、室温以及家具的尺度、质地和舒适度等的设计参考。

除此之外，心理测量值也是在设计中常用的设计参考数据。心理测量的方法多种多样，常用的有问卷调查法、语义微分法、身体疲劳部位调查法和两点识别法。

（1）问卷调查法。问卷调查的结果可以作为评价舒适度、室内气氛、颜色匹配和产品的印象、疲劳感等方面的参考。通过实施问卷调查，可以获得作业者的经验和知识，验证其他方法测得的结果；也可以将在各种环境条件下的物理量与在此条件下人的主观感觉量进行对照比较，从而得出舒适的环境标准；还可用于各种测量仪器基准值的确定。实施问卷调查的顺序依次是明确课题目的、确定调查对象、确定调查项目和问题设置、确定调查实施方法和问卷形式、调查实施、误填和漏填检查，以及统计分类、分析处理。问卷调查法的回答形式可以是自由回答和约束回答，但设问必须明确且易于理解，其结果选择可以是两项选一法、多项选择法、顺序法、比较法、评定尺度法等，但结果必须易于整理。问卷调查法的具体实施方法及特点如表 2-10 所示。

表 2-10　问卷调查法的实施方法和特点

实施方法	特点
邮寄调查法	将调查表邮寄给调查对象进行调查，范围大，回收率低
委托调查法	委托其他机关调查，回收率高，受制约
放置调查法	将调查表放置于某一地点进行调查，结果可信度低
集合调查法	省时省力，集合难，受情绪影响
跟踪调查法	对同一对象按照一定时间间隔连续调查

（2）语义微分法。该方法就是将人的心理感受、印象和情绪等进行尺度化、数量化，采用双级形容词配对，组成问卷调查表，其间用 7 点或 5 点定位，反映不同程度的主观印象（表 2-11）。运用语义微分法可以对数值进行统计分析处理，获得各种特征参数，从而达到对心理情绪进行测量评价的目的。例如，室内照明、温湿度、家具舒适度等都可以通过语义微分法进行评价研究，从而获得最佳设计方案和设计标准。

表 2-11 语义微分法的点位确定

很暗	暗	较暗	一般	较亮	亮	很亮
-3	-2	-1	0	1	2	3

（3）身体疲劳部位调查法。长时间使用身体的局部进行作业，或者常常保持同一姿势作业时，会感到局部疲劳或疼痛，身体疲劳部位调查法就是针对这种情况提出的。身体疲劳部位调查法是将身体分成许多小块区域，在作业前和作业后对这些部位进行问卷调查，将感觉不舒适或疼痛的区域（即部位）做相应记录，然后进行分析，其结果可用于改善作业姿势和作业设计。

（4）两点识别法。用两个小针同时刺激皮肤表面，当两个刺激点的间距足够小的时候，人就感觉刺激的部位是同一个点，逐渐拉开刺激距离使人体能够识别出不在同一点而是在两点的时候，这两个刺激点的距离就叫两点识别阈值（表 2-12），这个数值会随着人体疲劳程度的增加而增大。由于两点识别阈值因身体部位的不同而不同，同时又随着人体的疲劳程度而发生变化，因此在进行相关设计时，可以利用两点识别法来测量人体的疲劳程度，以此作为产品舒适度的设计参考。

表 2-12 两点识别阈值的参考标准

身体部位	颊骨部、额头	舌头端	唇的红部	颈、胸	背中央、上臂	前臂
两点识别阈值 /mm	23	1	5	54	68	40
身体部位	膝盖及周围	脚拇指背侧	手背	下肢	脚后侧	指尖
两点识别阈值 /mm	36	11	31	40	54	5

第三节 人体感知系统对设计的影响

人体工程学以人为中心，实现室内外空间环境与人体生理、心理等方面的和谐统一。因此，人体感知系统对设计具有极为重要的影响。人体感知系统包括以下几个方面。

一、感觉

在日常生活中，人们常常会提到"感觉"这个词，心理学将感觉定义为人脑对直接作用于感觉器官的事物的个别属性的反映。例如，通过眼睛看清物体的颜色，这属于视觉；通过耳朵辨别物体发出的声音，这属于听觉；通过鼻子闻出物体的气味，这属于嗅觉……感觉是最简单的心理过程，是各种复杂心理过程的基础。在人体工程学中，感觉是指来自体内外的环境刺激通过眼、耳、鼻、皮肤等感觉器官产生信号脉冲，信号脉冲通过神经系统传递到大脑中枢而产生的感觉意识。感觉主要包括视觉、听觉、嗅觉、味觉和触觉，合称为"五大感觉"（图 2-10）。

图 2-10 室内空间的视觉设计

从心理学的角度分析，感觉具有以下特征：

（1）感觉适应。感觉器官经过一段时间的刺激后变得不敏感。感觉适应的优点是可以减少身心负担，如在声音嘈杂的场所，有些人能排除声音干扰，专注于一件事，这就是对噪声产生了适应；感觉适应的缺点是容易使人丧失警觉性，受到伤害，如瘫痪的病人由于对疼痛感觉的丧失，可能会受到更加严重的伤害。

（2）绝对阈限。刺激强度必须达到某种程度，才能引起感觉器官居的感应，从而激起神经冲动，此时的刺激强度即为绝对阈限。

（3）对适宜的刺激产生反应。人体的各种感觉器官都有自身最敏感的刺激形式，耳朵只能感受一定频率范围的声波，眼睛只能感受一定频率范围的电磁波。

二、知觉

1. 知觉的定义

知觉是人脑对直接作用于感觉器官的事物整体的反映，是对感觉信息的组织和解释过程。在日常生活中，人们通常以知觉的形式来反映事物。例如，人眼看到的红色不是脱离具体事物的红色，而是红花、红旗等的红色；对于听到的声音，人们总是知觉为言语声、流水声或汽车声等具体的声音。一般情况下，感觉和知觉是紧密相连的，在心理学上将二者统称为"感知觉"（图2-11）。

图2-11　人体感知觉在室内设计中的表现

2. 知觉的基本特征

（1）整体性，是指将由许多分散的部分或多种属性组成的对象作为具有一定结构的统一整体。它与人们的经验和阅历关系密切。

（2）选择性，是指将某种对象从某背景中优先区分出来，并予以清晰反映的特性。在这个过程中，人的主观因素具有十分重要的作用，如情绪好、兴致高的时候，选择范围相对广泛；而心情郁闷的时候，选择范围相对狭窄，甚至视而不见、听而不闻。

（3）理解性，是指用以往的知识和经验来理解当前知觉对象的特征，正因为这种理解性，当人们感知一个事物时，对这个事物相关的知识经验越丰富，对事物的认识也就越深刻。

（4）恒常性，指的是事物在一定范围内发生变化，人们对事物的印象却保持相对不变的特性。也就是说，人们总是根据记忆中的印象、知识、经验等感知事物，例如，无论是倾斜、倒置的门，还是破损的门，人们总是认为其形状是长方形的。

三、视觉

视觉由眼睛、视神经和视觉中枢共同构成，是第一大感觉系统，外部环境80%的信息是通过眼睛来感知的，视觉环境设计是室内设计中极为重要的一个方面。

1. 视觉要素

（1）视野与视距。视野是人体在头部和眼球固定不动的情况下，眼睛正视前方物体时所能看见的空间范围。如果室内各个围合空间的界面在视野范围以内，则空间感觉就显得压抑，反之则显得较为宽敞。视野可分为静视野、动视野、主视野和余视野，其中主视野位于视野中心、分辨率高。

【知识拓展】世界上视力最好的人

余视野位于视野边缘、分辨率低。在具体设计时，可以将需要突出的重点对象集中在人眼的主视野内。视距是人在操作系统中正常的观察距离，一般为 380 ~ 760 mm，视距是设计控制台、展示柜架尺寸的主要依据。

（2）视力。视力是指眼睛对物体形态的分辨能力，视力与亮度成正比，背景越亮，清晰度越高。人的视力随年龄增长而衰退，老年人阅读时需要增加约 20% 的照明，因此，在设计老年人的生活空间时，应该尽可能提高亮度。

（3）眼的调节。眼的调节包括眼球的运动、远近的调节及眼睛的聚焦能力。眼球在运动的状态下，水平方向运动比垂直方向运动更容易，并且人眼对水平方向尺寸和比例的估计比对垂直方向尺寸和比例的估计更加准确，因此，设计对象显示的水平方向比垂直方向更容易识别和记忆。另外，人的视线习惯于从左到右、从上到下、顺时针方向运动，眼睛的聚焦能力随着年龄的增长而下降，并受到眼睛疲劳程度的影响，身心越疲惫，眼睛聚焦能力越差。

（4）光感。光感与光亮度成正比，光亮度可以分为绝对亮度和相对亮度。绝对亮度指眼睛所能感觉到的光的强度，相对亮度指光强度与背景的对比关系，光的辨别难易程度取决于光和背景之间的差别，即明度差。在商业与展示等空间设计中，可以通过提高绝对光亮度、提高主体与背景之间的亮度差别（即增加相对亮度）、增加光面积等光感处理手法使某种信息更加醒目、更易察觉（图 2-12）。

（5）色觉。光是一种电磁波，不同波长的光波刺激视网膜可以产生不同的色觉，视野中心范围察觉色彩的能力最强，视野边缘部分虽能察觉物体，但感觉色彩的能力很弱，一般情况下，亮度越高，眼睛对色彩的感知能力越强。在室内外环境设计中，可以通过提高空间的亮度，或者使用明度高、纯度高的颜色突出物体的色彩感（图 2-13）。

图 2-12 展示空间中的光环境设计

图 2-13 室外空间的色彩设计

2. 视觉现象

（1）残像。残像是指眼睛在经过强光刺激后，会有影像残留于视网膜的现象，通常在中等照度下视觉暂留的时间约为 0.1 s。残像包括积极残像和消极残像，积极残像是在性质方面与刺激作用未停止前的视觉基本相同的一种后像，如在较为黑暗的背景中注视灯光；消极残像是在性质方面与刺激作用未停止前的视觉正好相反的一种后像，如近距离注视红色一段时间，移动视线后会显示成青绿色。

（2）明适应和暗适应。明适应是指从黑暗到光亮，眼睛需要约 1 min 的适应时间；暗适应是指从光亮到黑暗，眼睛需要 10 ～ 30 s 的适应时间。在进行室内外光环境设计时，需要特别注意室内外环境和工作面光照的均匀性，避免由于过度的明暗差引起视觉疲劳；在室外向室内过渡的入口处，尽量不要出现高差台阶或不明显的障碍物，需要在入口到内部空间的过渡空间中设计视觉引导。

（3）向光性。在室内设计中进行局部照明，以及提高局部商品或空间的亮度，可以吸引人的视觉注意力，起到引导和展示的作用。另外，通过提高室内墙面和家具的光照度还可以减少顶棚的压抑感（图 2-14）。

3. 视觉特性

（1）当眼睛偏离视野中心时，在偏离距离相等的情况下，人眼对左上限的观察最佳，然后依次为右上限、左下限，右下限最差。

（2）两眼的运动总是协调同步进行的，通常都以双眼视野为设计依据。

（3）人眼对直线轮廓比对曲线轮廓更易于接受，因为人眼沿着水平方向运动比沿着垂直方向运动的速度更快。

（4）当眼睛辨别单一颜色时，最容易辨认的依次是红、绿、黄、白，红色是最容易引起注意的颜色；当两种颜色搭配时，容易辨认的顺序依次是黄底黑字、黑底白字、蓝底白字、白底黑字等。

图 2-14　室内就餐环境

4. 视错觉在设计中的应用

错觉，就是与客观事物不相符的错误知觉，当人的大脑皮层对外界刺激物进行分析、综合发生困难时会造成错觉；当前知觉与过去经验发生矛盾时，或者思维推理出现错误时会引起幻觉。在人的错觉现象中，视错觉最具有普遍性，包括图形错觉、透视错觉、空间错觉等，这些错觉现象与室内设计的关系极为密切。例如，法国国旗红、白、蓝三色的实际比例为 35 ∶ 33 ∶ 37，因为白色具有扩张感，蓝色具有收缩感，所以人们感觉这三种颜色的面积是相等的。再如，在舞厅旋转耀眼的灯光中，人们会觉得天旋地转，舞姿尤为刺激活跃，实际上，在没有特殊光照的情况下，同样的舞姿远不如灯光照射下那么优美。又如，当人们驾车以时速 100 km 在高速公路上行驶时，会觉得车速很慢，而以同样的速度在普通公路上行驶时则会感觉风驰电掣，这是因为人们的视觉感知受到周边车辆的影响（图 2-15）。

这些都是利用视错觉进行设计的鲜明例证，由此可知，形成视错觉的形式多种多样，可以是快中见慢、大中见小、重中见轻、虚中见实、深中见浅、矮中见高等，但最终的目的都是使人形成错误的判断和感知。所以，合理有效地利用视错觉，并有针对性地实施改善措施，有利于提高人们在日常生活中的认识和识别能力。

在室内设计中，可以利用视错觉产生特殊效果，或者改善某种缺陷。

"矮中见高"是在室内设计中最为常用的一种视错觉处理方法，如将室内同一空间中的一部分做吊顶，而另一部分不做，会使空间显得更高（图 2-16）。

"虚中见实"是室内设计惯用的另一种视错觉处理方法，如通过条形或整幅的镜面玻璃，在一个实体空间中制造一个虚体空间，以此使空间显得更宽敞（图 2-17）。

"冷调降温"也是利用视错觉原理的一种方法，如当我们在室内大面积使用冷色调时，会感觉温度下降，而使用暖色调时，则会感觉温度上升。

"粗中见细"是利用对比形成的视错觉，如在釉面砖、大理石等光洁度较高的材质旁边，放置复古砖和鹅卵石等表面粗糙的材质，光洁的材质则会愈显光滑。

图 2-15　地铁空间的视觉设计　　　　　图 2-16　矮中见高　　　　　图 2-17　虚中见实

"曲中见直"的手法可用于某些建筑的表面处理不够平整时，在弯曲程度并不明显的情况下，这种手法可实现视觉上的整体平整，如将四条边角处理成平直角。

同时需要注意的是，在现实设计中不能滥用视错觉，视错觉的过度使用会引起视幻觉，视幻觉是一种毫无事实根据的想象，是不健康的视觉状态。例如，我们在居室中大量使用镜子，这面墙有镜子，那面墙也有镜子，镜子又分大大小小各种形状的拼块，这样过分的视错觉，就会扭曲人的正确判断，以致认为真的也是假的，人的眼睛就会出现持续的、不健康的视错觉，长期处在这种过分的视幻觉环境里，会引起健康问题。

四、听觉

听觉是除视觉外的第二大感觉系统，听觉系统由耳郭、外耳道、鼓膜、鼓室、听小骨、耳蜗、前庭、半规管等相关神经组成。听觉具有以下几方面的特性：

（1）混响，是指声源在室内经过多次反射，连续传入人耳中，使人无法辨认。

（2）回声。

（3）双耳效应，即声音到达两耳的响度、音品和时间是各不相同的，这种差别使人能够分辨声源的位置。

（4）掩蔽效应，是指一种声音的听阈因另一种声音的掩蔽而上升的现象，例如在室内听音乐的时候，如果室外噪声更大，那么音乐声就很难辨认，但如果将音乐的声量提高，音量高于噪声就不会再受到干扰。再如，现在的商场普遍使用音响系统掩蔽喧闹嘈杂。

五、其他感知觉

除视觉、听觉外，其他的感知觉还有味觉、嗅觉、温度感觉、痛觉、肤觉及触觉。

味觉是由舌头上的味蕾器官辨认酸、甜、苦、辣等不同味道的感觉；嗅觉是由鼻腔内的嗅觉细胞辨认各种气味的感觉；温度感觉指的是冷知觉和热知觉，是由不同的温度感受器引起的，皮肤上的冷点多于热点，热点感受器在皮肤温度高于 30 ℃时开始兴奋；痛觉最为普遍地分布于全身，各组织有特殊的游离神经末梢，在一定刺激下产生痛觉。

肤觉是由皮肤中的真皮、表皮、皮下组织等感觉器官共同产生的，皮肤对人体有防卫功能和散热保温功能，当外界温度升高时，皮肤血管扩张、充血，血液所带体热通过皮肤向空气发散，通过排汗排掉热量；当外界寒冷时，血管收缩，血量减少，散热减慢。在室内外环境设计时，可以通过肤觉感知室内外热环境的质量，如空气温湿度的大小、分布及流动情况，也可以感知室内空间、家具、设备等各个界面给人体的刺激程度，如振动的大小、冷暖程度、质感强度等。

触觉是由微弱的机械刺激触及皮肤浅层的触觉感受器引起的，由于人体的肤觉在身体各部位具有不同的敏感度，人体可以通过触觉判断物体的形状、大小、硬度等，在选择与人体接触的家具和室内外装饰材料的时候，需要考虑人体温度触觉等生理现象，选择导热系数小的材料，提高接触的舒适感。同时，由于人的动作用力与受力面的大小关系密切，应该关注室内设计和家具设计中人的身体与接触面大小的相互关系。另外，还可以将触觉的空间知觉特性运用在建筑和室内外环境的无障碍设计中，尤其是"盲人无障碍设计"（图2-18和图2-19）。

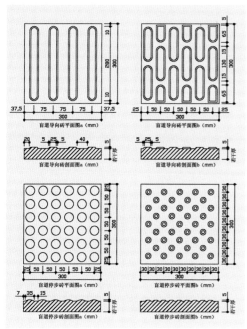

图2-18　盲道砖平面图

图2-19　盲道

第四节　人体运动系统对设计的影响

人体运动系统由骨骼（运动杠杆）、肌肉（运动动力）和关节（运动枢纽）组成。

骨骼系统是人体测量的基准点。人体全身分为躯干骨、上肢骨、下肢骨和颅骨，全身共有206块骨头，通过关节构成骨骼系统。通过骨骼系统可以完成动作、支撑身体、保护内脏、脑及骨髓造血。其中，脊柱在骨骼系统中极为重要，作业姿势与脊柱运动的关系直接影响生理负荷和作业效率（表2-13），确保脊柱的正确姿势是家具设计的重要目标。

表2-13　作业姿势与可能产生疼痛的部位或症状

作业姿势	可能产生疼痛的部位或症状	作业姿势	可能产生疼痛的部位或症状
固定站立在一个位置	腿部和脚部，静脉曲张	坐姿和站姿时弯背	腰部，椎间盘症状
座位无靠背	背部的伸肌	手水平或向上伸直	肩部和手臂，肩周关节炎

续表

作业姿势	可能产生疼痛的部位或症状	作业姿势	可能产生疼痛的部位或症状
座位太高	膝关节，小腿，脚部	过分低头和仰头	颈，椎间盘症状
座位太低	肩和颈	不自然地抓握工具	前臂，腱部炎症

肌肉系统是人体运动系统的动力。骨骼肌具有静力作用和动力作用，肌力是肌纤维收缩力之和，坐姿时手臂的拉力和推力在不同的角度和方向上大小不同，一般前后移动时，拉力大于推力，左右移动时向内用力大于向外用力。肌力是人体各种动作和维持人体各种姿势的动力源，肌肉施力分为动态肌肉施力和静态肌肉施力两种方式。动态肌肉施力是肌肉有节律地收缩、舒张，促使血液循环加速，肌肉获得足够的糖分和氧分，并能够迅速排除代谢废物；静态肌肉施力是收缩的肌肉压迫血管，阻止血液进入肌肉，导致肌肉无法从血液中得到糖分和养分的补充，代谢废物不能迅速排除。

因此，人体工程学的基本设计原则就是避免静态肌肉施力，具体表现为避免弯腰或其他不自然的身体姿势、避免长时间抬手作业。另外，坐着工作比站着省力，作业位置高度根据工作者眼睛和观察时所需距离来设计，所需距离越近，作业位置应该越高。除此之外，根据身体动作轨迹的不同特征，人体具有不同的动作速度与频率，具体表现为：

（1）水平动作比垂直动作要快。

（2）一直向前的动作比旋转时要快 1.5 ~ 2 倍。

（3）圆形轨迹的动作比直线轨迹动作灵活。

（4）顺时针动作比逆时针动作灵活。

（5）手向着身体的动作比离开身体的动作灵活。

（6）前后往复比左右往复的动作要快。

总的来说，在具体设计时应该尽量做到有效发挥肌力，减少肌肉疲劳，提高效率（图 2-20）。

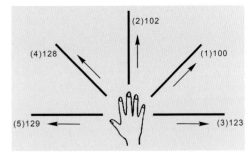

图 2-20 手的动作方向与反应时间

第五节 人的心理与行为特征

从哲学上讲，人的心理是客观世界在人脑中主观能动的反映，即人的心理活动的内容来源于客观现实和周围的环境。每一个具体的人的所想、所做、所为均有两个方面，即心理和行为。两者在范围上既有所区别，又有不可分割的联系。心理和行为都是用来描述人的内外活动的，但习惯上把"心理"的概念用于描述人的内部活动（但心理活动要涉及外部活动），而将"行为"概念用于描述人的外部活动（但人的任何行为都是发自内部的心理活动）。所以，人的行为是心理活动的外在表现，是活动空间的状态推移。

客观环境随着时间和空间的变化不断改变，人的心理活动也随之改变。心理活动是依靠人的大脑机能来实现的，这就必然受到人体自身特点的影响。由于年龄、性别、职业、道德、伦理、文化、修养、气质和爱好等不同，每个人的心理活动也千差万别，具有非常复杂的特点。心理学的研究在不断深化，应用范围也在不断扩大。例如，运用自然科学的研究方法，研究人的心理活动，建立了实验心理学，它是各门应用心理学的基础；研究人和环境的交互作用，建立了环境心理学；研究人际关系，建立了人际关系学；研究商业活动，建立了商业心理学等。

一、人的心理过程

一般人的心理活动包括认识过程、情感过程和意志过程。心理活动在心理学中常用三种维度来描述其活动的特征：一是心理活动讨程，如正在进行的感觉、知觉，正在体验的喜悦，正在做的动作；二是心理活动状态，如在进行的心理活动中，感觉到什么内容、什么程度；三是个性心理特点，如不同的性格、气质、价值观和态度等。

【知识拓展】十大
心理效应

1. 认识过程

认识过程是指人在反映客观事物过程中所表现的一系列心理活动，包括感知觉、思维和记忆等。

感知觉是感觉和知觉的统称。人们认识客观世界离不开感知觉，在人机系统中，人通过感知觉接收外界信息，以求对具体对象的属性有初步的认识。

思维是指在感知觉基础上产生和发展起来的复杂的心理活动，与感知觉有本质的区别，但也有联系。人的思维活动包括分析、综合、比较、抽象和概括，揭示了客观事物之间的客观联系，并反映事物的本质属性。人体工程学设计本身就是一个高度思维的过程，为了确保系统的优化，必须根据系统的性能要求，确定任务要求，进行人机工程分配。为此，应对系统进行功能分析、任务分析，并综合考虑使用者群体的各种特点、能力和文化技术水平，进行反复比较，直至将所有任务分配，达到预期目的。此外，在人机系统设计和运行中，要考虑各种因素（如环境、心理负荷）对作业人员思维能力的影响，以保证人机系统的安全性。

记忆包括识记、保持和再认三个基本环节。识记是识别和记住事物，从而积累知识和经验的过程；保持是巩固已获得的知识和经验的过程；再认（或回忆）是在不同情况下恢复过去经验的过程。三者互相联系、互相制约。

永久或临时识记的材料不能再认或回忆，或表现为错误的再认或回忆，称为遗忘。遗忘过程是不均衡的，在识记的最初阶段遗忘很快，后来逐渐变慢。此外，遗忘还受识记材料和识记方法的制约。

在人机界面设计中，根据人的记忆特点对显示器、控制器进行编码是有效的。在安全生产培训中，应根据遗忘的原因和特点选择适当的培训材料，注意运用有意义的识记方法，并根据遗忘的时间特点及时安排适当的复习，强化记忆。

2. 情感过程

情感过程是指通过态度体验来反映客观现实与人的需要之间的关系的过程。人对外界事物的情感或情绪是在对外界刺激（人、事物）评估或认知的过程中产生的。制约情感或情绪的因素，除了人的生理状态、外部环境条件外，人们的认识过程也起着决定性作用。由于人对客观事物的态度取决于人的当时需要，因此人的需要及其满足程度决定了情感或情绪能否产生。也就是说，企业职工在安全生产中的情绪反应不是自发的，而是由个人需要满足的认知水平决定的。

人的情感和情绪在概念上虽有区别，但总是紧密联系在一起的。情感是在情绪的基础上形成和发展起来的，而情绪则是情感的外在表现形式；情绪常由当时的情景引起，具有一定的冲动性，而情感则较稳定，很少有冲动性，但是，一般来讲很难将两者严格区别。

人的情绪反应具有两极性，如紧张的或轻松的情绪，积极的或消极的情绪等。人的情绪反应既依赖于认知，又可反作用于认知。这种反作用的影响可能是积极的，也可能是消极的。一般而言，积极的情绪可加深人们对安全生产重要性的认识，促发人的安全动机，使人采取积极的态度参与安全生产活动；而消极的情绪会使人采取消极的态度，易导致不安全行为。

3. 意志过程

意志过程是指根据对客观事物的认识，自觉地确定目标，克服困难，力求加以实现的心理过程。意志是人类具有的独特心理现象。

意志过程的特点：有明确的预定目的，并根据此目的支配和调节行动；由人的意识来控制其活动；与克服困难密切相关，可表现为克服主观上的障碍（如情绪冲动、信心不足），也可表现为克服外界阻力（如工作条件差、人际冲突）。

人的意志行动是后天获得的复杂的自觉行动，而人的意志品质是意志的具体表现，良好的意志品质是完成各种实践活动的重要条件。

二、人的个性心理

个性心理主要是指个性心理特征。它是每个人身上经常地、稳定地表现出来的心理特点，如性格、气质和能力。个性心理特征是相对稳定的，但当人与环境积极地相互作用时，它又是可以改变的。由于每个人的先天因素和后天条件不同，个性心理特征在不同人身上有着明显的差异。

1. 性格

性格是指人在生活过程中所形成的、对现实的稳固的态度，以及与之相适应的习惯化的行为方式。每个人对现实的态度、意志特征、理智特征、情绪特征均有所不同，这是性格的差异。例如，粗心、认真、胆怯、果断、马虎等，都是人的性格的具体表现。性格是人的独特的、整体的特性，是人与人之间的差异标志。人的性格一旦形成，就会以较为定型的态度和行为方式去对待和认识周围的事物。

2. 气质

气质是指一个人先天所具有的心理活动的动力特征。此种动力特征主要表现在人的情感、情绪和行为发生的速度、强度、灵活性和指向性等方面。例如，情感的强弱、意志努力的程度、知觉速度、思维灵活程度、注意力集中和转移程度、内向与外向等。气质是个性心理特征的基础，使人的心理活动及外部表现染上了个人独特的色彩。例如，有的人表现为暴躁、易动感情，有的人则性情温和，有的人活泼、反应迅速，有的人老成持重、行动缓慢，这些就是不同的气质表现。

气质具有相对稳定性，与其他个性心理特征相比，其变化更为缓慢和困难，但在一定的环境条件和教育下也会改变。

3. 能力

能力是指可使人顺利完成某项活动的心理特征。它直接影响活动效率，是人顺利完成某项活动的必需条件。人的能力主要是在后天学习和实践活动中通过个人努力积累起来的。

人的能力有一定的差异，也有不同的类型。如有的人视觉记忆力较强，有的人形象思维力较强，有的人手足协调性较强，有的人色彩敏感度较高，有的人善于分配注意力等。

三、人的心理状态

1. 注意

注意是指人的心理活动对一定对象的指向和集中。它不是独立的心理过程，而是存在于感知、记忆和思维等心理过程中的一种共同的特性。

（1）无意注意和有意注意。无意注意是指注意某一事物时，事先既没有预定的目的，也不要求做意志的努力，主要是由周围环境中刺激物本身的特点和人的主观状态引起的。例如，工作环境中的一些突发事件（如突然发生的声响、艳丽的色彩）会引起人的注意。有意注意是指有预定的目的，必要时还需做一定意志努力的注意。例如，人在从事单调作业或出现疲劳时，仍必须凭意志努力去"注意"。

（2）注意的分配与转移。注意的分配是指人在同时进行两种或几种活动时，把注意指向不同的对象；注意的转移是指人主动地将注意从一个对象转移至另一个对象。

（3）注意的稳定性。注意的稳定性是指人在同一对象或同一活动上注意所能持续的时间。例如，人在监视作业中注意的稳定性一般不超过 30 min。

在人机系统设计中，应充分考虑和利用人的注意特点，尽量消除或避免人的无意注意，加强作业人员的培训，在作业中建立牢固的动力定型，以便将大部分的注意集中到最主要的活动中去，并能在短时间内对新的刺激做出迅速反应。为解决作业中注意稳定性的问题，一方面可通过作业内容丰富化、定期转换作业内容来解决，另一方面可设置"预警"信号以提醒作业人员注意。

（4）不注意。"不注意"并非"注意"的对立概念，也不是一种独立的心理现象，它始终是与"注意"同时存在的。

不注意有下列几种类型：

①意识水平下降型——其特点是人的意识水平下降，多由于不良的工作环境（如照明不良、高温等）对人的心理生理活动产生不良的影响，从而难以对周围环境保持注意。

②意识混乱型——其特点是意识混乱，思维难度增加，多由于人机系统存在缺陷。例如，显示信号不能给作业人员一个简明、清晰的感知，或者仪表指针转动的方向所显示的信息、控制器的操纵方向不符合人的心理生理习惯。

③意识迂回型——多见于注意过度集中时，表现为注意的转移缓慢，甚至意识不到周围的情况。

为了预防"不注意"造成事故的可能，应认真分析导致"不注意"的原因。在人机系统设计中，应创造一个良好的工作环境，以防止不良工作环境因素对人的心理产生的不良影响；在进行机器设备设计时，应遵循人体工程学准则，使机器系统符合人的能力和特性，还需考虑保证操作安全的设计（如安全联锁装置、预置信号）；采取积极培训以缓和作业人员的心理紧张也是一项有效的措施。

（5）"白日梦"。"白日梦"是指人沉湎于幻想之中的行为。做"白日梦"的人会暂时丧失对外部周围事物的注意力，思维能力明显消退，常处于意识朦胧的状态。"白日梦"与人的"不注意"有某种联系。

2. 定式

定式是指一定的心理活动所形成的一种准备状态，并影响其后相类似的心理活动的现象。即人们常按照一种固定的心理倾向对客观事物予以反映，人的各种心理活动均存在定式，尤其对人的思维活动有着明显的影响，因此，定式也称为思维定式。定式是倾向于凭自己的经验和习惯方式去考虑和处理问题。

定式对思维活动的作用有着积极的影响，也可产生消极的影响。其积极作用在于：可反映心理活动的稳定性和前后一致性，可借助已有的经验迅速解决问题。其消极作用在于：妨碍人的思维的灵活性，心理活动表现出一种惰性，倾向于按常规方法解决问题，其结果是因循守旧，甚至有形成机械的习惯方式的倾向（即习惯定向）。

鉴于定式是一种长期学习积累而形成的心理倾向，因此，在安全生产活动中，应充分利用定式的积极作用，按照安全技术规程进行操作，并同时重视定式的消极作用，加强对作业人员的培训。有目的地培养思维能力，不仅要扩充思维的广度，还要增强思维的灵活性，根据客观情况的变化，因时、因情景迅速改变思维的角度、调整解决问题的方法，以求用最优的方式解决面临的问题。

3. 心境

心境是指人的一种较持久的、微弱的情绪状态，是心理活动的一种表现形式。例如，舒畅、愉快、郁闷、焦虑就是不同的心境。心境并不是关于某一事物的特定体验，其具有弥漫性的特点。当一个人处于某种心境中，常会以同样的情绪状态看待一切事物，因此产生某种心境后，就会影响人的全部生活和工作。它使人的言语、思维、行为均染上相同的情绪，例如，良好的心境使人感到一切事物都是美好的，不良的心境使人感到枯燥乏味、困难重重、反应迟钝。

心境对人的行为有着很大的影响。良好的心境能提高人的认知水平，有助于积极性的发挥，提高工作效率；不良的心境可使意识水平降低，注意力不集中，缺乏意志行动，不仅使工作效率降低，而且易于出现误判断、误操作，甚至出现事故。

因此，在人机工程设计中，应创造一个宽松的、良好的工作环境，以求激发职工的积极心境。

4. 习惯

习惯是指人在后天形成的一种自动进行某种行为的特殊心理倾向。它是一种动力定型，是一种已形成的相对稳定的条件反射。

人的习惯有生活习惯、工作习惯、安全习惯等。人的习惯又可分为个人习惯和群体习惯。

人们在安全生产活动中的工作习惯，表达了人在工作中的一种特殊的心理倾向。人体工程学着重于研究与安全生产有关的群体习惯。例如，顺时针旋转阀门是减少流量和关闭阀门；拨动电气开关向右或向上移动为接通或增量；操纵器顺时针旋动表示增力，仪表指针顺时针移动表示增量。

人的安全习惯在安全生产中占有重要地位。安全习惯是指在一定的工作环境或作业过程中，作业人员自动地按安全操作规程或方式进行的一种心理行为倾向。例如，在进入高压设备区域时，很自然地注意安全距离；电气设备停电后，未拉隔离开关前不触及设备等。

在人机工程设计中，应注意机具、设备、仪表的设计要符合群体工作习惯，这样不仅可以提高工作效率，而且可以减少误判断、误操作。在企业安全生产管理中，应对职工的安全习惯进行培养，要求职工将安全技术的训练作为一种特征"嵌入"工作习惯中，使之成为完整的作业整体，一旦安全技术的熟练动作固定下来，就会形成安全习惯，这对防止"违章作业"是极其重要的。

5. 态度

态度是指个体对人和事所持有的一种持久而又一致的心理反应。其具有下列特点：

（1）态度具有一定的对象，例如，对安全生产的态度。

（2）态度是由认知、情感和行为倾向三种因素组成的。其中，认知因素是指对客观对象的评估，如肯定或否定、赞成或反对；情感因素是指人对客观对象的情感体验，如重视或轻视；行为倾向因素是指人对客观对象的反应倾向，如对某件事拟采取积极行动或消极等待。在三者当中，认知因素是基础，人的情感体验以及行为倾向均建立在对于对象的了解和判断的基础上，而人的情感因素对其认知又具有调节作用。一般而言，就同一态度而言，这三种因素是协调一致的。

四、人的行为

人的行为，泛指人的动作、活动、反应或行动，其基本单元是动作。在人机系统中，人的行为不仅决定着完成系统的预定目标的效率，而且与系统的安全性密切相关。因此，探索人的行为实质、行为共同特征和个体差异以及群体行为等，有利于改变和控制人的行为，促进人机系统优化。

1. 关于人的行为实质的研究

关于人的行为实质的研究颇多，现从刺激—反应理论和动机理论两个方面进行介绍。

（1）刺激—反应理论。心理学家梅耶（R. F. Maier）曾提出下列公式：S—O—R—A。式中，S（刺激或情景）是指外界的物理环境或社会环境均可形成刺激或情景；O（有机体）就个体而言，是指个体由于遗传和后天条件获得的个性、个性发展的成熟程度、技术知识、需要和价值观等；R（反应或行为）是指身体的运动、语言、表情和情绪等；A（行为完成）是指生存活动、任务完成和逃避危险等。

梅耶认为，相同的行为可来自不同的刺激；相同的刺激在不同人身上也可产生不同的行为。

（2）动机理论。根据心理学揭示的规律，人的行为是由动机支配的，而动机是由需要引起的。一般而言，人的行为都是有目的的，都是在某种动机的驱使下为了达到某个目标。动机理论框图如图 2-21 所示。

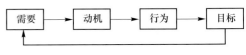

图 2-21　动机理论框图

需要是指人们对某种目标的渴求或欲望，即既有缺乏之感，又有求足之愿。动机是指推动人去进行某种活动的愿望，即人的内在欲望，是引发人从事某种行为的内在的直接原因。目标是一种刺激，合适的目标能诱发人的动机，规定行为的方向。因此，动机的主要来源有内在条件（需要）和外在条件（刺激），动机性行为常常受内外条件影响。

2. 行为的共同特征和个体差异

人的行为的共同特征一直是行为心理学家关注的问题，现仅从管理和安全人体工程学角度做简要介绍。

（1）目标行为和目标导向行为。目标行为是直接满足需要的行为；目标导向行为是为了达到目标所表现的行为。例如，人有饥饿感（动机），其目标为食物，准备食物为目标导向行为，进食则为目标行为。

由此可知，要达到任何一个目标，都要经过目标导向行为，但是如果停留在目标导向行为的时间太长，就会感到目标"可望而不可即"，影响积极性的维持；另外，如果只有目标行为，而这个目标又不具有挑战性，此时激励力量也会降低。因此，在企业安全生产目标管理中，可通过"大目标，小步子"的办法，将职工逐步引向更高的目标，从而不断地保持职工的安全生产积极性。

【案例解析】玄奘负笈图中的人机关系

（2）从众行为。从众行为是一种普遍存在的心理现象，从心理学角度来分析，"从众"就是个体由于群体的规范所施与的心理压力，而在知觉、判断、信念和行动上，表现出与群体中多数人一致的现象。群体成员是否产生从众行为，与群体的凝聚力、个人在群体中的地位、个人素质以及个性心理特征等有关。

（3）捷径行为。捷径行为是指为了少消耗能量又能取得最好效果而采取最短距离的行为，如伸手取物时常直线伸向物品，穿越空地常走对角线等。

需要注意的是，人"走捷径"的心理行为常会导致"违章作业"。

（4）心理空间行为。人类有"个人空间"的行为特征，此种空间即心理空间，它以自己的躯体为中心，与他人保持一定的距离，当此空间受到侵犯时，会有回避、尴尬、不快等反应。在人体工程作业空间设计中，对人的心理空间应予以考虑。

（5）躲避行为和侧重行为。人类行为虽有共同的特征，但由于各种因素的影响也存在着明显的个体差异，这些个体差异主要与遗传因素、心理因素和环境因素等有关。人的心理过程虽是人类共同的心理现象，但具体而言，由于认识水平的差异，常常造成个体行为的差异；再者，每个人个性心理特征的差异，决定了每个人都有自己的行为方式和千差万别的个体差异。此外，每个人的家庭教育、学校教育不同，会对人的行为形成与发展带来深远的影响。工作环境对人的行为影响，常常表现在人的习惯性行为中带有职业特点。文化背景也会在一定程度上影响人的观念和价值取向，从而影响人的行为。

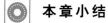

◉ 本章小结

本章介绍了人体测量数据的基本知识和人体的感知系统、运动系统、心理及行为特征对设计的影响。

◉ 思考与实训

1. 简述人体测量的方法。

2. 简述人的心理与行为特征。

第三章 | 人与环境

知识目标

了解人与环境的关系，熟悉人体感官与环境的交互作用。

能力目标

掌握人与环境的交互作用的内涵，能够根据特定的人与环境的交互作用进行设计。

第一节 人与环境的关系概述

一、环境的定义和分类

广义来讲，环境是包括人在内的周围一切事物的总和，其内容和构成是复杂的。

1. 按构成空间的大小分

按构成空间的大小，环境可以分为微观环境、中观环境和宏观环境。

微观环境指室内环境，包括家具、设备、陈设、绿化以及活动在其中的人们。

中观环境指一幢建筑乃至一个小区的空间。它包括邻里建筑、交通系统、绿地、水体、公共活动场地、公共设施，以及流动在此空间里的人们。

宏观环境指小区以上，乃至一个乡镇、一座城市、一个区域，甚至是全国、全球的无限广阔的空间。它包括在此范围内的人口系统和动植物体系，自然的山河、湖泊和土地植被，人工的建筑群落、交通网络，以及为人类服务的一切环境设施。

微观环境设计即室内设计和装修；中观环境设计即建筑设计和城市设计；宏观环境设计即小区规划、乡镇规划、区域规划，以及在此范围内的生态环境的综合开发与治理等。

2. 按构成因素分

从构成因素的角度看，环境包括空气、阳光、水体、矿物、植物、动物、微生物和人类等，因此，按构成因素，环境可分为物理环境、化学环境、生态环境和社会环境。这种分类法可供自然科学工作者参考。

3. 按构成性质分

按构成性质来分，环境包括自然环境、生态环境、人工环境和社会环境。这种分类法可供社会科学工作者参考。建筑环境是人工环境的一部分，同时与其他环境产生交互作用，故此分类法也是建筑工作者研究的内容。

二、人与自然环境的关系

1. 大自然孕育了人类

自然环境是人类生存、繁衍的物质基础，利用、保护和改善自然环境是人类自身的需要，也是维护人类生存和发展的前提。这是人类与自然环境关系的两个方面，缺少一个就会给人类带来灾难。

我们生活的自然环境是地球表面的一部分。地球的表层是由空气、水和岩石（包括土壤）构成的大气圈、水圈和岩石圈，在这三个圈的交汇处就是生物生存的生物圈（图3-1）。这四个圈在太阳能的作用下，进行着物质循环和能量流动，使人类和其他生物得以生存和发展。

据科学检测，人体血液中的60多种化学元素的含量比例，同地壳各种化学元素的含量比例十分接近。这表明人是自然环境的产物。

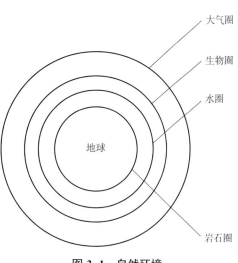

图 3-1　自然环境

人与环境的关系，还表现为人和环境的物质交换关系。大自然中有200多万种生物，它们之间形成各种生物群落，依靠地球表层的空气、水和土壤中的营养物质生存与发展。这些生物群落在一定自然范围内相互依存，在同一个生存环境中组成动态的平衡系统，这就是生态系统。生态系统包括动物、植物、微生物和周围的非生物环境（又叫无机环境、物理环境）四大部分。在太阳能的作用下，非生物环境中营养物质经微生物分解成养分供给植物，植物供养了动物，动物产生的废物解体后，又回归自然，如此循环，不断进行着生态系统的物质交换，并保持平衡状态。

2. 人类利用和改造环境

人类为了生存和发展，就要向环境索取资源。处于"刀耕火种"时代的人类命运是受自然条件主宰的。由于人口稀少，人类对环境没有什么明显的影响。随着人类的发展，人类为了养活自己并生存、发展下去，开始毁林开荒，这就在一定程度上破坏了环境。到了产业革命时期，人类学会使用机器以后，生产力大大提高，对环境的影响也逐渐扩大了。进入20世纪，人类利用、改造环境的能力空前提高，创造了巨大的物质财富。据估计，现代农业获得的农产品可供养约50亿人口，而原始土地上的光合作用所产生的绿色植物只能供给约1 000万人生存。由此可见，人类利用和改造环境已处于主导地位。

3. 环境保护和治理

生态系统的各个组成部分都是相互联系的。生态系统的组成越多样，其能量流动和物质循环的途径越复杂，调节能力就越强。但生态系统的调节能力是有限的，如果人类大规模地干预，自动调节就无济于事，生态平衡就会遭到破坏。20世纪60年代以来，许多工业发达的国家，已逐渐认识到破坏环境对人类造成的危害，采取了保护环境、综合治理环境的措施，并成立了相应的国际组织。我国是发展中国家，人口众多，耕地面积很少，城市高速发展，环境污染严重。目前人们已逐步认识到环境污染的危害性，采取了一系列措施：在乡镇规划中，提出了生态循环系统综合治理；在城市规划中，提出了生态城市的概念；在建筑设计中，提出了生态建筑的设想；在室内环境设计中，提出了绿色建材综合利用，以营造健康、卫生、安全的人工环境。

三、人体感官与环境的交互作用

1.　人体外感官与环境的交互作用

生态系统中的各种因素都是相互作用、相互制约的。万物相生相克，用现代语言解释，就是生态循环和平衡。人是环境中的人，无论是个体还是群体，都受到环境各种因素的作用，其中也包括人的相互作用，如图3-2所示。

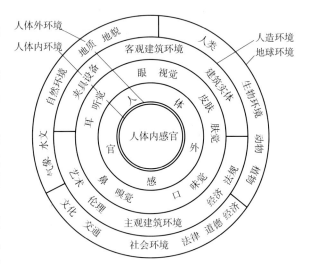

图3-2　人和环境的相互作用

当人体受到各种环境因素作用时，人体的各种感官会做出相应的反应。例如，夏季气温很高，人体发汗就很旺盛，以降低体温。到了冬季，气温较低，人体的毛孔就会收缩。当人们受到强烈的太阳光刺激时，眼睛会自动闭合，减少进光量，以适应环境。当人们进入黑暗的地方，眼球会自动调节，以便看清周围的环境。当人们乘船遇到风浪颠簸时，身体会自觉地摇摆，以保持平衡。当人们的手碰到很热或很冷的物体时，便会自动缩回。当人们突然听到很响的声音时，会自觉地捂起耳朵，以适应环境的刺激。同样，当人们闻到强烈的气味时，会捂起鼻子、闭紧嘴巴。当人们吃到不适应的食物时，如很辣、很酸、很麻的食物，就会皱起眉头，甚至会吐掉食物。所有这些现象，都是人体受到环境刺激后能动地做出的相应反应。这就是人体外感官的五觉效应，即视觉、听觉、嗅觉、味觉和肤觉效应，以及人体运动觉的反应。以上各种反应，都是环境因素引起的物理刺激或化学刺激效应。

2.　人体内感官与环境的交互作用

人体的内感官或大脑受到生理因素或环境信息引起的心理因素刺激后，也会做出各种相应的反应。

如饥饿时，腹部会不自觉地发出声音；血糖低时，会感觉头晕目眩；心慌时，心跳会加快；呼吸困难时，会张大嘴巴或加速呼吸。这一切反应，都是人体内感官受到刺激后所做出的生理反应。

3.　人的心理与环境的交互作用

当大脑通过人体内外感官接收到各种信息时，人也会做出相应的心理反应。

人们做出成绩受到表彰时会情不自禁地感到喜悦，受到不该有的歧视时会感到愤怒，失去亲爱的朋友时会感到悲哀。这种来自信息的刺激，所表现出的喜、怒、哀、乐的反应，即属于心理效应。

如果邻里的文化层次、生活习惯相差很大，会有格格不入之感，这就是精神作用引起的反应。即使不受当时外在环境的任何刺激，当人们回忆往事时，也会产生各种心理活动，并会做出相应的反应。

以上所说的各种环境刺激（包括人自身）所引起的各种效应，都有一个适应过程和适应范围。

当环境刺激量很小时，通常不能引起人们感官的反应；当刺激量中等时，人们会能动地做出自我调整；当刺激量超出人们的接受能力时，人们会主动地反应，会改变或调整环境，甚至创造新的环境，以适应人们的自我需要。这种刺激效应是人类发展的基础，也是人类建筑活动的原动力。当然，这也是室内设计的理论依据。

不只人类，其他生物也都具有适应周围环境而生存的能力。如果不能适应，就会被环境淘汰；如果适应得好，就会扩大生存范围。这就需要根据情况，采取一定的措施去适应环境。

四、人的知觉传递、知觉表达与环境的关系

1. 人的知觉传递与环境的关系

环境刺激是引起人的感觉及知觉的生理基础和心理基础，即视觉、听觉、嗅觉、味觉、肤觉等生理过程和注意、记忆、思维、想象等心理过程。环境因子作用于人的感官，引起各种生理和心理活动，产生相应的知觉效应，同时也表现出各种外显行为，去改造或创造新的环境，以适应人体的生理和心理的需要。新的环境因子促进人类需求的增长，人类又要不断改变环境，如此循环，以至无穷。知觉传递的过程如图 3-3 所示。

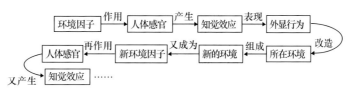

图 3-3　知觉传递的过程

2. 人的知觉表达与环境的关系

作用于人的各种环境因子，如果是物理性质的，则可以用物理量来测量；如果是引起视觉的光和色，则可以通过光谱仪和色谱仪来确定其波长等物理量；如果是引起肤觉温感或湿感的，则可以通过温度计或湿度计来测量其温度或湿度；如果是引起肤觉痛感的，则可以通过压力计来测量其压力的大小；如果是引起听觉关于响度或频率等感觉的，则可以通过声音测量仪来测量其声压的大小和声频的高低。总之，由物理因子的刺激所产生的知觉效应，均可以用有关测量仪检测刺激的强度，得出有关物理量表。也就是说，知觉的物理量可以用有关物理度量单位来表达。

如果引起嗅觉，是关于气味、有害气体的种类和含量等问题，可用有关化学试剂和气体分析仪等来测定；如果引起嗅觉，是关于粉尘等问题，则可用尘埃计数器来测定；如果引起味觉，是有关酸碱度等问题，则要用有关化学试剂来测定。总之，由化学因子的刺激产生的知觉效应，均可用有关化学试剂和仪器来检测刺激强度，得出化学量表。

然而，许多知觉效应是无法用物理或化学方法来检测的。例如，一个工程师进行照明设计时，要把一个室内空间的亮度设计为另一个室内空间的两倍。如果他只是单纯地把灯的瓦数加倍，他会发现所增加的亮度看起来很不明显。这说明只改变物理量是不能测量所有因子的。这是因为刺激的物理值等量的增加或减少，并不一定引起感觉上等量的变化。为了弄清楚刺激和感觉之间的变化关系，就需要建立能够度量阈上感觉的心理量表。

从有无相等单位和有无绝对零来说，心理量表可以分为顺序量表、等距量表和比例量表三种类型。

顺序量表既没有相等单位又没有绝对零，只是把事物按照某种标志排出一个顺序。例如，赛跑时不用秒表计时，先到终点的是第一名，次到的是第二名，再次是第三名，按此办法，也能确定名次，在某种意义上也算对赛跑速度进行了度量。但此法不能确切地告知第一名和第二名、第三名之间的速度相差多少，也没有相等的单位。这是一种最粗糙的量表。对这些对象的数据既不能用加减

法处理，也不能用乘除法处理。但在实际工作中，这种量表也很有用处，如评论几个建筑设计方案的好坏，最终要排出名次，则常采用这种"模糊"计量法。

等距量表比顺序量表进了一步。根据等距量表，不仅能知道两事物之间在某种特点上有无差别，还能知道差多少。比如由于寒流的侵袭，甲地气温从 20 ℃降到 10 ℃，乙地气温从 10 ℃降到 0 ℃，两地气温降低幅度是相等的，都降低了 10 ℃。这说明这种量表有相等单位，但没有绝对零。对这些数据进行处理只能用加减法而不能用乘除法。

比例量表比等距量表更进一步。它既有相等单位又有绝对零。例如，尺、斤、圆周的度量都可用这一类量表。如 4 尺长的绳子是 2 尺长的两倍，也可以说 4 尺长的绳子比 2 尺长的多 2 尺。这些数据可以用加减法处理，也可以用乘除法处理。比如评价两个室内空间大小时，可用此量表，但要评价两个室内空间给人的感受哪一个好一些，就不能用此量表，而应用顺序量表。

量表有直接量表和间接量表。直接量表可直接测量要测的事物特性，间接量表所测的是一事物对另一事物产生的影响，借助测量另一事物来推知所要测量事物的情况。例如，用尺来测量某一物体的长度是直接测量；而用温度计来测量气温，则是间接测量，这是借助热量对温度计上液体的影响，来表明气温的高低。

综上所述，知觉效应的表达是通过测量环境因子的刺激量来实现的。不同因子有不同的表达方法，各有不同的度量单位。对于从事室内设计的人员来说，最重要的是分清不同环境因子作用于人体感官所产生的知觉效应。

五、人体舒适性与环境的关系

1. 舒适性的概念

舒适性是一个复杂的动态概念，它因人、因时、因地而不同。正因为如此，同样的室内环境，会给不同的人以不同的感受。有的人满意，有的人不满意。例如，一套一室一厅的单元住宅，对于无房户来说，能得到它就很满意。如果他住进去以后，即使人口没有变化，当他看到别人的居住水平提高了，他就会对此表示不满意。同样，这套住宅的环境因子对于不同人也有不同的接受水平。如果这套住宅临近马路，对习惯城市嘈杂声的人来说，可能不以为然；而对来自乡镇、习惯宁静生活的人来说，可能会感到很烦躁。由此可见，讨论人和环境交互作用问题时，必须明确这是相对的概念。

环境的情况有正常、异常和非常三种。通常所有设计概念都是建立在正常情况下的。例如，对于环境噪声问题，30 ~ 80 dB 能被多数人接受，到了 120 dB 就会使人感到很烦躁，30 dB 以下过于安静，也会使人产生静默甚至恐怖的感觉。由此可知，30 ~ 80 dB，就是人们所能接受的正常的声环境范围，也是人体舒适性指标的声环境范围，其他环境因子的概念也是一样。假使这个环境能使在该环境中 80% 的人感到满意，那么这个环境就是舒适的环境。

舒适性还要涉及安全、卫生的概念。例如，夏天走进有空调的房间，感到很"舒适"，但这不一定是"安全""卫生"的地方，因为人体的热舒适性应是一个振荡的过程，要有适当的温度变化，长期在空调环境中工作的人，易患"空调病"。

2. 舒适性的类型

总的来说，人体舒适性包括两个方面：一是行为舒适性，二是知觉舒适性。

行为舒适性是指环境行为的舒适程度。比如，累了，要坐下休息，如果坐在地板上，或坐在高凳上，会感到很不舒适，那么这种环境就达不到行为舒适性的要求。知觉舒适性是指环境刺激引起的知觉舒适程度。如休息的地方，很热、很嘈杂，灰尘很多，光线很暗，即使有椅子可坐，这个环境显然也不能满足人的感官要求，因而这个地方也会引起知觉不舒适。

根据环境对人体的影响和人体对环境的适应程度，可把环境分为四个区域：

（1）最舒适区。各项指标最佳，使人在劳动过程中感到满意。

（2）舒适区。正常情况下这种环境能够使人接受，且不会使人感到刺激和疲劳。

（3）不舒适区。作业环境的某种条件偏离了舒适指标的正常值，较长时间处于此种环境下，会使人疲劳或影响人的工效，因此，需采取一定的保护措施，以保证人正常工作。

（4）不能忍受区。若无相应的保护措施，人在该环境下将难以生存，为了能在该环境下工作，必须采用现代化技术手段（如密封），将人与有害的外界环境隔离开来。

决定舒适程度的环境因子及不同舒适程度的范围，如图 3-4 所示。

图 3-4 决定舒适程度的环境因子及不同舒适程度的范围

第二节 人与热环境

一、影响热环境的要素

影响热环境的要素有气温、气湿、气流和热辐射。这四个要素对人体的热平衡都会产生影响，而且各要素对机体的影响是综合的。因此，为了对热环境进行分析和评价，必须考虑各个要素对热环境的影响。

1. 气温

作业环境中的气温除取决于大气温度外，还受太阳辐射和作业场所的热源，如各种冶炼炉、化学反应锅、被加热的物体、机器运转发热和人体散热等的影响。热源通过传导、对流加热作业环境中的空气，并通过辐射加热四周的物体，形成第二热源，扩大了直接加热空气的面积，使气温升高。

2. 气湿

作业环境的气湿以空气相对湿度表示。相对湿度在 80% 以上称为高气湿，低于 30% 称为低气湿。高气湿主要由水分蒸发与蒸气释放所致，如纺织、印染、造纸、制革、缫丝，以及潮湿的矿井、隧道等作业场所常为高气湿。在冬季的高温车间会出现低气湿。

3. 气流

作业环境中的气流除受外界风力的影响外，还与作业场所中的热源有关。热源使空气加热而上升，室外的冷空气从门窗和下部空隙进入室内，造成空气对流。室内外温差越大，产生的气流越大。

4. 热辐射

热辐射主要指红外线及一部分可见光的辐射。太阳及作业环境中的各种熔炉、开放火焰、熔化的金属等热源均能产生大量热辐射。红外线不能直接使空气加热，但可使周围物体加热。当周围物体表面温度超过人体表面温度时，周围物体表面则向人体传递热辐射而使人体受热，称为正辐射。当周围物体表面温度低于人体表面温度时，人体表面向周围物体辐射散热，称为负辐射。负辐射有利于人体散热，在防暑降温上有一定的意义。

二、人体的热平衡

　　人体所受的热有两种来源：一种是机体的代谢产热，另一种是外界环境热量作用于机体。机体通过对流、传导、辐射和蒸发等途径与外界环境进行热交换，以保持热平衡。机体与周围环境的热交换可用下式表示：

$$M \pm C \pm R - E - W = S$$

式中　　M——代谢产热量；

　　　　C——人体与周围环境通过对流交换的热量，人体从周围环境吸热为正值，向周围的环境散热为负值；

　　　　R——人体与周围环境通过辐射交换的热量，人体从外环境吸收辐射热为正值，向外环境散发辐射热为负值；

　　　　E——人体通过皮肤表面汗液的蒸发散热，均为负值；

　　　　W——人体对外做功所消耗的热量，均为负值；

　　　　S——人体的蓄热状态。

　　显然，当人体产热和散热相等时，即 $S=0$，人体处于动态热平衡状态；当人体产热多于散热时，即 $S>0$，人体热平衡受到破坏，可导致体温升高；当人体散热多于产热时，即 $S<0$，可导致体温下降。图 3-5 所示为人体热平衡状态图。

　　人体的热平衡并不是一个简单的物理过程，而是在神经系统调节下的一个非常复杂的过程。

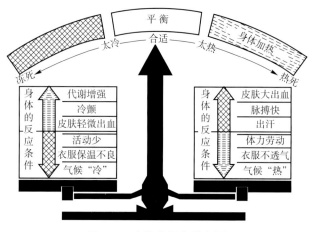

图 3-5　人体热平衡状态图

　　所以，周围热环境各要素虽然经常在变化，但人体的体温仍能保持稳定。只有当外界热环境要素发生剧烈变化时，才会对机体产生不良影响。

三、环境对人体的影响

1. 热舒适环境

　　热舒适环境是人在心理状态上感到满意的热环境。所谓心理上感到满意就是既不感到冷又不感到热。热舒适环境有六个主要影响因素，其中四个与环境有关，即空气的干球温度、空气中的水蒸气分压力、空气流速以及室内物体和壁面辐射温度；另外两个与人有关，即人的新陈代谢和服装。此外，还与一些次要因素有关，如大气压力、人的肥胖程度、人的汗腺功能等。为了建立符合人们心理要求的热舒适环境，可由图 3-6 来了解其主要影响因素的相互关系和最佳组合。

　　图 3-6 是空调工程中常用的温湿图和舒适区。在温湿度图上的阴影区，是由数千名受试者投票统计结果而确定的热舒适区。主要环境因素组合处于该区域内，可满足人对热环境舒适性的要求。

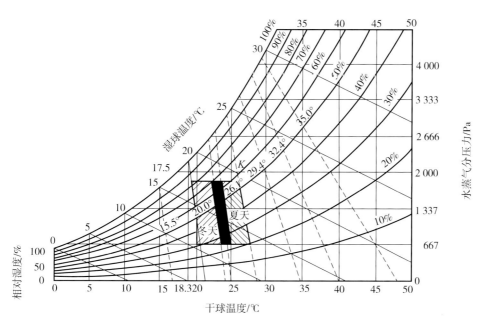

图 3-6　常用的温湿图和舒适区

2. 过冷、过热环境

人体具有较强的恒温控制系统，可适应较大范围的热环境条件。但是，远远偏离热舒适范围、并可能导致人体恒温控制系统失调的热环境，将对人体造成伤害。

（1）低温冻伤。低温对人体的伤害最普遍的是冻伤。冻伤的产生与人在低温环境中的时间长短有关，温度越低，形成冻伤所需的时间越短。例如，温度为 5 ℃～ 8 ℃时，人体出现冻伤一般需要几天时间；而在 -73 ℃时，只需 12 s 即可造成冻伤。人体易发生冻伤的部位是手、足、鼻尖或耳郭。

（2）低温的全身性影响。人在温度不十分低的环境（-1 ℃～ 6 ℃）中，依靠体温调节系统，可使体内深部温度保持稳定。但是在低温环境中暴露时间较长，深部体温便会逐渐降低，出现一系列的低温症状。首先出现的生理反应是呼吸和心率加快、颤抖等；接着出现头痛等不适反应。深部体温降至 34 ℃以下时，症状即达到严重的程度，产生健忘或定向障碍；降至 30 ℃时，全身剧痛，意识模糊；降至 27 ℃以下时，随意运动丧失，瞳孔反射、深部腱反射和皮肤反射全部消失，人濒临死亡。

（3）高温烫伤。皮肤温度达 41 ℃～ 44 ℃时即会感到灼痛，若温度继续上升，皮肤基础组织便会受到伤害。高温烫伤在生活中比较多见，一般为局部烫伤，全身性烫伤见于火灾事故等。

（4）全身性高温反应。人在高温环境中停留时间较长，体温会渐渐升高，当局部体温高达 38 ℃时，便会产生不舒适反应。人在体力劳动时可耐受的深部体温（通常以肛温为代表）为 38.5 ℃～ 38.8 ℃，高温极端不舒适反应的深部体温临界值为 39.1 ℃～ 39.4 ℃。深部体温超过这一限度，汗率和皮肤热传导量都不再上升，表明人体对高温的适应能力已达到极限，温度再升高，即会出现生理危象。全身性高温的主要症状为头晕、头痛、胸闷、心悸、视觉障碍（眼花）、恶心、呕吐等。温度过高还会引起虚脱、肢体僵直、大小便失禁、晕厥、烧伤、昏迷直至死亡。

应该指出的是，人体耐低温能力比耐高温能力强。当深部体温降至 27 ℃时，人经过抢救还可存活；而当深部体温高于 42 ℃时，往往引起人死亡。

四、热环境对工作的影响

虽然正常工作与生活的人健康及生命很少会因环境过冷或过热而受影响，但在某些特定的条件下，人们却必须在过冷或过热的环境中工作，这不仅影响人的健康，而且会影响人的工作能力。

1. 热环境对脑力劳动的影响

为了提供公共建筑内的热舒适条件，人们曾对室内空气温度与脑力劳动的关系进行过大量试验。图 3-7（a）是脑力劳动工作效率随室内空气温度的变化关系，图 3-7（b）是脑力劳动相对差错与空气温度的变化关系。两图中的曲线是在实验条件下，根据明显的变化趋势做出的一般结论。在实际工作条件下，这一结论也成立。

2. 热环境对体力劳动的影响

研究表明，在偏离热舒适区的环境温度下从事体力劳动，小事故和缺勤的发生概率就会增加，车间产量下降。当环境温度超出有效温度 27 ℃时，人的运动神经敏感性、警戒性和决断能力会明显降低，而非熟练操作工的工作效率比熟练工损失更大。低温对人的工作效率的影响，最敏感的是手指的精细操作。当手部皮肤温度降低至 15.5 ℃以下时，手部操作灵活性会急剧下降，手的肌力和肌动感觉能力都会明显变差，从而引起操作效率的下降。

图 3-8（a）为马口铁工相对产量的季节性变化，表明在高温条件下会降低重体力劳动的效率；图 3-8（b）为军火工厂相对事故发生率与温度的关系，表明温度偏离舒适值将影响事故发生率。

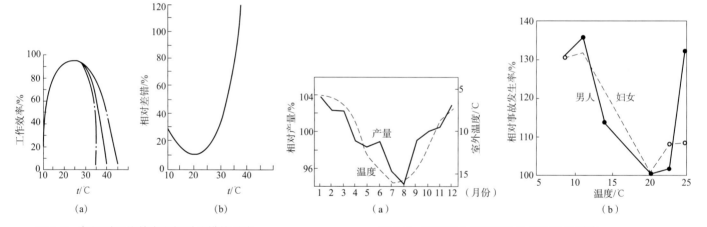

图 3-7 气温对工作效率和相对差错的影响　　　　图 3-8　温度对生产率和事故发生率的影响

综上所述，过度的冷或热环境都会影响人的脑力及体力工作能力。显然，对危及健康的工作热环境，应采取缩短工作时间和相应的防护措施；对暂无条件改善的工作热环境，只能牺牲工作效率；而对新设计的办公室、工厂之类的工作场所，采用热舒适环境设计是合理的。对于最佳热舒适温度，偏离 3 ℃一般不影响工作能力，从对人体最佳激励和经济性考虑，设计时可根据不同工作性能使温度向最佳温度的某一方向有一定偏离。

五、热环境的主观评价标准

1. 主观评价依据

热环境对人体影响的主观感觉是评价热环境条件的主要依据之一，几乎所有的热环境评价标准都是在研究人的主观感觉的基础上制定的。当调查人数足够多而且方法适当时，所获得的资料便可以作为主观评价的依据。表 3-1 是对上海地区工厂工人的调查资料，表 3-2 是对广州地区居民的调查资料，可供评价热环境时参考。

表 3-1 工厂工人在不同温度下的主观感觉（上海）

气温 /℃	热	尚可	舒适	气温 /℃	热	尚可	舒适
17.6 ~ 20.0	0	16.6	83.4	32.6 ~ 35.0	27.5	58.2	14.3
20.1 ~ 22.5	0	60.0	50.0	35.1 ~ 37.5	46.3	47.0	6.7
22.6 ~ 25.0	0	22.5	77.5	37.6 ~ 40.0	55.0	45.0	0
25.1 ~ 27.5	0	52.0	48.0	40.1 ~ 42.5	56.0	44.0	0
27.6 ~ 30.0	6.2	63.8	30.0	42.6 ~ 45.0	100	0	0
30.1 ~ 32.5	16.8	64.7	18.5				

表 3-2 热环境对人体舒适度影响的主观评价（广州）

空气温度 /℃	25.1 ~ 27.0	27.1 ~ 29.0	29.1 ~ 31.0	31.1 ~ 32.0	32.1 ~ 33.0
热辐射温度 /℃	25.6 ~ 27.8	27.8 ~ 29.7	29.7 ~ 32.0	32.5 ~ 32.7	33.4 ~ 33.5
空气相对湿度 /%	85 ~ 92	84 ~ 90	76 ~ 80	74 ~ 79	74 ~ 76
气流速度 /(m·s⁻¹)	0.05 ~ 0.10	0.05 ~ 0.20	0.10 ~ 0.20	0.20 ~ 0.30	0.20 ~ 0.40
人体温度 /℃	36.0 ~ 36.4	36.0 ~ 36.5	36.2 ~ 36.4	36.3 ~ 36.6	36.4 ~ 36.8
皮肤温度 /℃	29.7 ~ 29.9	29.7 ~ 32.1	33.1 ~ 33.9	33.8 ~ 34.6	34.5 ~ 35.0
出汗情况	无	无	无	微小	较多
人体活动特征	可穿外衣，工作愉快，有微风时清凉，无微风时工作仍适宜，吃饭不出汗，夜间睡眠舒适	可穿衬衣，有微风时工作舒适，无微风时感到微热，但不出汗，夜间睡眠仍感舒适	稍感到热，有微风时工作尚可，无微风时出微汗，夜间不易入睡，蒸发散热增加	有风时勉强工作，但较干燥，较热，口渴；有微风时仍出微汗，夜间难入睡，主要靠蒸发散热	皮肤出汗，加剧表面发热，感觉闷热，工作困难，虽有风，工作仍感困难
主观评价	凉爽，愉快	舒适	稍热，尚可	较热，勉强	过热，难受

2. 耐受标准

若以人不能耐受的温度作为限度，则低于或高于该限度的温度称为可耐温度，如图 3-9 所示。图中曲线 1 为高温可耐限度，曲线 2 为低温可耐限度，两曲线的中间区域是人对温度的主诉可耐时间。

3. 安全标准

若以不出现生理危象或伤害作用的温度作为极限标准，则该极限称为温度的安全限度，如图 3-10 所示。图中范围 1 为低温安全限度，范围 2、3、4、5 分别为空气相对湿度为 100%、50%、25%、10% 时的高温安全限度。当温度超过安全限度时，将出现高温或低温生理危象或伤害。但在劳动条件下，高温安全限度要比图示数值稍低。

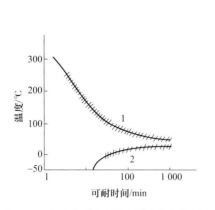

图 3-9 人对高温和低温的主诉可耐时间

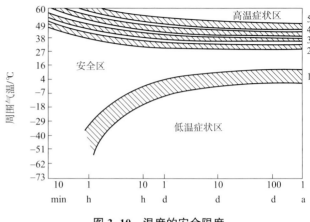

图 3-10 温度的安全限度

4. 工作效率不受影响的温度范围

若以保持人的工作效率的温度作为限度，则可确定工作效率不受影响的温度范围，图 3-11 为工作效率不受影响的允许温度和温度范围。图 3-11（a）中曲线 1 为复杂操作效率不受影响的限度，曲线 2 为智力工作效率不受影响的限度，曲线 3 为生理可耐限度，曲线 4 为出现虚脱危险的限度。图 3-11（b）中 A 区为工作效率不受影响的温度范围，B 区为生理可耐限度。

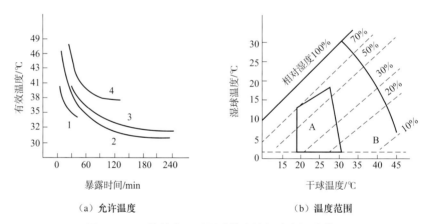

（a）允许温度 （b）温度范围

图 3-11 工作效率不受影响的允许温度和温度范围

第三节 人与光环境

一、光环境设计

人类离不开光，在工作、生活和学习中，光是不可缺少的重要因素。光是一种能量，是照明设计最主要的部分，光的布置合理与否直接影响人们的情绪、工作效率和身心安全，光照设计在室内装饰创意上具有强化效果。室内的光环境由自然采光和人工照明共同组成，自然光源为太阳光、月光和闪电等，人工光源主要为白炽灯和气体放电灯等。合理的自然采光、人工照明和色彩环境设计是人体工程学的重要研究课题（图 3-12 和图 3-13）。

图 3-12　室内照明设计　　　　　　　　图 3-13　室内照明设计

1. 基本知识

现代室内外照明设计需要满足三方面的基本要求：第一，提供舒适的光照视觉环境，使展品具有足够的亮度、观赏清晰度和合理的观赏角度；第二，确保供电系统的安全，减少光线对物品的损坏和对公众的损伤；第三，使照明方式和光照艺术具有时代特色。

（1）自然采光，就是在室内空间中，通过窗户形式、窗户大小、玻璃颜色、反射和折射镜等不同建筑构件的组合设计，实现利用自然光线的最大化和最优化，形成丰富而舒适的室内光环境（图 3-14）。

（2）人工照明，就是在室内环境中利用各种人造光源，通过不同造型的灯具和合理的搭配布置，形成理想的人工光环境。现代室内空间的人工照明已经不再局限于满足光照度的需要，而是趋向于环境照明和艺术照明的综合设计，通过背景照明、工作照明和装饰照明的多层次考虑，满足人对不同光环境的心理需求（图 3-15）。

图 3-14　自然采光　　　　　　　　　　图 3-15　人工照明

（3）光通量（lm），是一种表示光的功率的单位，但与辐射功率不同，光通量体现的是人眼感受到的功率，也就是人眼对各种波长的光的反应。例如，100 W 的白炽灯泡发出的光大约为 1 700 lm，25 W 的荧光灯管也可以发出相同光通量的光，因为在人眼看来，这两只灯泡的亮度是一样的。如 100 W 的白炽灯泡可产生 1 750 lm 的光通量，40 W 的冷白色荧光灯可产生 3 150 lm 的光通量。

（4）发光强度（cd），简称光度，是用于表示光源发光强弱程度的物理量，指从光源一个立体角（sr）所发射出的光通量，国际单位为坎德拉（又称烛光），一支普通蜡烛的发光强度约为1坎德拉，1 cd = 12.57 lm。

（5）照度（lx），是照明设计的数量标准，定义为受照平面上接受光通量的密度，用于表示被照面上光的强弱，是设计室内光环境的重要指标（表3-3），1 lx = 1 lm/m²。

表3-3　室内一般活动的照度分类

行为模式与作业特点	照度类别	照度范围 /lx	参考作业面
较暗的空间	A	20–30–50	空间全面照明
短暂停留时需要的简单方向感	B	70–75–100	
偶发性的视觉作业空间	C	100–150–200	
从事高对比与大尺寸的视觉工作	D	200–300–500	作业面照明
从事中对比与小尺寸的视觉工作	E	500–750–1 000	
从事低对比与细部性的视觉工作	F	1 000–1 500–2 000	
长时间从事低对比与细部性的视觉工作	G	2 000–3 000–5 000	作业面特殊照明
长时间从事精密性的视觉工作	H	5 000–7 500–10 000	
从事对比度极低与特殊精细的视觉工作	I	10 000–15 000–20 000	

（6）亮度（cd/m²），是物体发光面或被照面反射光的发光强弱的物理量（表3-4），亮度设计的目标是实现合理、均匀布光，同时还需要综合考虑物体表面的反光率（图3-16）。

表3-4　几种发光体的亮度值

发光体	亮度 / (cd·m⁻²)	发光体	亮度 / (cd·m⁻²)
太阳表面	2.25×10^9	充气白炽灯表面	1.4×10^7
晴天的天空	8 000	40 W 荧光灯表面	5 400
微阴的天空	5 600	电视屏幕	1 700 ~ 3 500

（7）色温（K）：人们用黑体加热到不同温度所发出的不同光色来表达光源的颜色，称为光源的固有颜色温度，简称色温，光色越偏蓝色温越高，越偏红则色温越低。一般情况下，白炽灯泡的光源带红色，有温暖、稳定的感觉。随着色温的升高，颜色会产生由白而蓝的变化。色温与亮度的关系直接影响照明质量。当基础照明使用色温高、亮度低的光源时，照明效果昏暗；当基础照明使用色温低、亮度高的光源时，照明效果显得燥热。一般情况下，同一空间的照明应该尽量保持色温一致，但与此同时，不同色温的光源也可以用来分隔空间，强调空间区域的差异性（表3-5）。

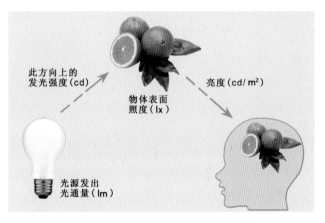

此方向上的
发光强度（cd）

亮度（cd/ m²）

物体表面
照度（lx）

光源发出
光通量（lm）

图3-16　光通量、发光强度、照度与亮度的相互关系

表 3-5　不同时间段的色温及给人的心理感受

时间（以夏天 6 ~ 9 月为基准）	呈现颜色	色温 /K	心理感受
日出前后	黄色、金黄色、红色	2 500 ~ 3 500	温暖
上午	浅蓝色	4 000 ~ 5 000	适宜
中午	白色，较接近标准色温	4 800 ~ 5 800	热情
日落前后	偏红色	2 200 左右	温暖

（8）显色性（Ra）：光源对于物体固有颜色的表现程度，是指事物的固有颜色在某一标准光源下所显示的颜色关系。Ra 值的确定，是将标准定义的 8 种测试颜色在标准光源和被测试光源下进行比较，色差越小，则表明被测试光源的显色性越好，若光源的 Ra 值为 100，则表明事物在该光源的照射下显示出来的颜色与在标准光源下一致（表 3-6）。

表 3-6　光源与显色效果

光源特色		显色效果						
光源种类		Ra	红色	橙色	黄色	绿色	青色	黄种人肤色
荧光灯	白色	63	不明朗	稍不明朗	强调	不变	稍强调	不明朗
	日光色	77	不明朗	稍不明朗	稍强调	不变	不变	稍不明朗
	三基色	84	稍强调	不变	不变	稍强调	稍强调	不变
	高显色	92	不变	不变	不变	不变	不变	不变
阳光灯		92	不变	不变	不变	不变	不变	不变
白炽灯泡		—	强调	强调	稍强调	偏黄色调	不明朗	稍强调

2. 光照质量

人体工程学对室内外的光照质量提出了以下几方面的要求。

（1）防止眩光。由于视野中的亮度分布或亮度范围的不适宜，或存在极端对比，从而引起不舒适的视觉感受，或降低细部目标的观察能力的视觉现象，统称为眩光。可以通过以下措施有效防止眩光：光源的位置不与人眼处于同一水平线上，光源不要太强烈，弱化光源与背景的明暗对比，采用柔和材质的灯具，以及改变光源的投射方向，如附加灯罩等使光源变成非直接照明（图 3-17）。

（2）考虑视觉的年龄效应。视觉特性并不是一成不变的，婴儿对色彩的注意力相对集中，青少年则喜好鲜艳的色彩；20 岁以后视觉系统逐渐退化；40 岁以后眼睛的水晶体开始衰减，光线易散射，视力开始模糊，并产生"老花眼"；50 岁以后，随着眼睛的眼角膜与水晶体的日益黄化，黄色素过滤光的进入，使物体看起来偏黄，

图 3-17　室内照明设计

导致蓝色看起来较暗并易和绿色混淆。一般来说，老年人不能迅速适应明暗变化，对眩光更为敏感（表 3-7 和表 3-8）。

表 3-7　视觉的年龄效应

年龄	20 岁	30 岁	40 岁	50 岁	60 岁	70 岁
相对视力 /%	100	95	87	74	59	35
对眩光的敏感度 /%	100	100	100	120	150	200

表 3-8　年龄与照明需求量

年龄	40 岁以下	40 ~ 50 岁	50 ~ 60 岁
达到相等工作状态的照明需求量 /%	100	150	200

【知识拓展】室内设计照明的十大发展趋势

（3）以健康、环保、节能为目标，尽量使用自然光，处理好室内面积与窗户大小的关系。如不同大小和类型的窗户可以使人产生不同的心理感受，落地窗可以使人产生与室外环境的连续感和引导感，高窗台可以使人减少眩光并产生良好的安定感；透过天窗可以看到室外的天光；通过各种漏窗、花格窗能产生云影交织、虚实相间的美妙效果。不同的玻璃材质也能产生不同的效果，无色白玻璃通透，遮光效果差；磨砂玻璃若隐若现，遮光且具有私密性；玻璃砖厚重，给人以安定感；彩色玻璃视觉吸引力强烈；各种反射、折射的镜面玻璃能产生变幻莫测的视觉效果（图 3-18）。

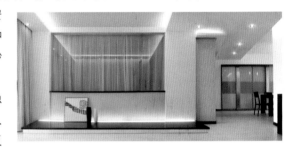

图 3-18　室内照明设计

（4）合理地设置光源的颜色。

（5）防止光幕反射。有光泽的展品（尤其是油画、漆画）的表面肌理，在相对视线光源的照射下，经过相互反射而形成的有损于展品固有颜色的雾状现象称为光幕反射，这需要考虑展品的照射角度和距离（表 3-9）。

表 3-9　常用材料的反射特性

材料种类	反射率 /%	吸收率 /%	材料种类	反射率 /%	吸收率 /%
新白漆	75 ~ 90	10 ~ 25	浅色橡木	25 ~ 35	65 ~ 75
旧白漆	50 ~ 70	30 ~ 50	桃花心木	6 ~ 12	88 ~ 94
粉彩漆	40 ~ 60	40 ~ 60	核桃木	5 ~ 10	90 ~ 95
水泥	20 ~ 40	60 ~ 80	大理石	30 ~ 70	—
外墙砖	10 ~ 40	60 ~ 90	花岗石	20 ~ 25	—
白色瓷砖	65 ~ 80	20 ~ 35	石膏板	50 ~ 70	—

（6）防止镜像反射。平滑的光泽面，尤其是透过玻璃来看展品时，参观者本人或周围物体的影像往往会映射到光泽表面上，从而碍于展品的观赏，这种现象称为镜像反射。当展品亮度与环境亮度之比为 3：1 时，镜像反射即可消失（图 3-19）。

除此之外，为了防患于未然，在照明灯具安装之前，应当认真考虑下列三个因素：照明所产生的热量，特制的光栅及其他道具的水分含量，物品的温度及物品对温度的限制条件。另外，为了保证物体色彩的稳定性，还可以进行具体的优化设计，如避免强烈的高光，保持足够的照度，选用显色性好的光源，能够清楚地识别光源位置和物体表面材质，减少有光泽的面积，将白色表面分散在视野的周围，以及在照度较差的表面上采用高彩度和高明度的颜色，并做出层次分明的光照效果等。

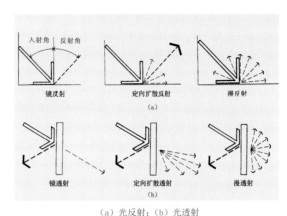

（a）光反射；（b）光透射

图 3-19　光反射与光透射示意图

二、色彩设计

从古至今，人类总是赋予颜色一些特定的力量，通过不同色彩的使用，对人的视觉和心理产生影响，或使人兴奋，或让人颓丧（图 3-20）。在室内色彩环境设计的时候，需要考虑人的视觉特性，以及人对色彩产生的不同心理效应。人对色彩的知觉与审美的过程是因人而异的，人们看到某种色彩时，总会不由自主地联想到生活中与此相关的色彩感觉，进而引起心理上的共鸣。具体表现在以下几方面：

（1）温度感。色彩的温度感是色性引起的条件反射。红色、黄色、橙色容易使人联想到太阳、火，给人以温暖感，属于暖色系；蓝色、紫色和蓝绿色容易使人联想到海水、冰雪，给人以寒冷感，属于冷色系。在室内外色彩配置时，可以利用色彩的温度感来调节室内外的环境气氛（图 3-21）。

图 3-20　室内色彩设计

图 3-21　色彩感觉在室内设计中的表现

黄→橙→赤→绿→蓝绿→紫→蓝：逐渐变冷。

（2）距离感。不同的色彩能给人以不同的感觉距离。一般而言，暖色、亮色、纯色有近距离感和前进感，冷色、暗色、灰色有远距离感和退后感，可以利用色彩距离感的心理效应来调节室内空间的尺度感和层次感。

黄→橙→赤→黄绿→绿→紫→蓝：逐渐变远。

（3）轻重感。色彩具有轻重感。一般情况下，明度高的颜色使人感觉轻，中明度的颜色次之，明度低的颜色使人感觉最重，如室内的天花宜采用明度高的颜色，底部应该采用明度低的颜色，比顶部显得重，给人以稳重和安定感。

黑→蓝→红→橙→绿→黄→白：逐渐变轻。

（4）醒目感。色彩不同，引人注意的程度不同。光色的注目性顺序为红＞蓝＞黄＞绿＞白；物体色的注目性顺序为红＞橙、黄；建筑颜色的注目性取决于它与背景颜色的关系，在黑色或灰色的背景中，建筑颜色的注目性顺序为黄＞橙＞红＞绿＞蓝，而在白色背景中则是蓝＞绿＞红＞橙＞黄。

（5）动静感。色彩能够使人产生兴奋、沉静及华丽、素雅的感觉，一般住宅、医院、图书馆、休息场所多用沉静、素雅的颜色，而商业、展示等场所则用偏向于兴奋、华丽的颜色（图3-22）。

综上所述，色彩是室内外环境设计的主要表现手段之一。在实际配色设计中，主要有以下几种配色方法：第一，同种色相的配色，实质上是某单一色相在明度深浅上产生变化的配色，使人感觉柔和、雅致，是极容易统一的配色，但因色彩间的差异小，容易使人感觉单调、乏味，因此应该在这种单一色相的明度和纯度上做适当调整；第二，类似色相的配色，能够保持邻近色相统一、主色调明确等特点，可以运用小面积的对比色或以灰色作为点缀色，从而避免画面过于单调；第三，中差色相的配色，就是黄与红、红与青紫、青紫与绿等在24色相环上间隔90°左右的色相对比，中差色相处于类似色相和对比色相之间，色相的对比效果相对明快；第四，对比色相的配色，其色感比类似色相的对比效果更具有鲜明、强烈、饱满、华丽的感情特点，容易使人兴奋激动；第五，互补色相的配色，是在色相环上距离180°左右的色相对比，如红与蓝绿、黄与蓝紫、绿与红紫、蓝与橙黄，互补色相的配色具有最强烈、充实和动感的对比效果，能使色彩达到最纯粹的鲜艳度，从而引起视觉的足够重视，但也容易使人感觉不协调、杂乱、生硬，需要从补充色和面积上做相应的调整配合。另外，在色相环中所有的色相，取其顺序衔接的任何角度的三种颜色以上，进行顺时针或逆时针方向的配色组合，都具备极佳的色相次序感，也极易达到和谐（图3-23和图3-24）。

图3-22 室外色彩设计

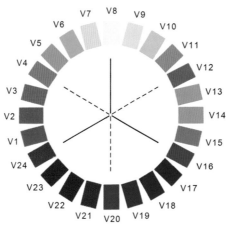

图3-23 色相环

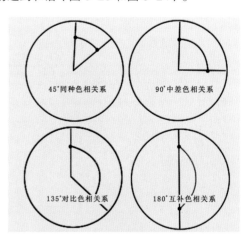

图3-24 色相配置关系示意图

第四节 ● 人与声环境

一、听觉的基本概念

听觉是除视觉以外的第二大感觉系统，人类可听到的声音频率范围为20～20 000 Hz，小于20 Hz

的声波为次声波，大于 20 000 Hz 的声波为超声波。人类可接受的声压级范围为 0 ~ 120 dB，声压级是反映声音大小、强弱的最基本参数。

二、听觉环境的设计

在室内外环境设计中，人体工程学的研究目标是实现对噪声、回声和混响的有效控制（图 3-25 和图 3-26）。

图 3-25　建筑外部环境

图 3-26　休息空间设计

1. 噪声

噪声即干扰声，是在一定环境下不应该出现的声音，人体工程学将凡是干扰人正常活动（包括心理活动）的声音都定义为噪声。如普通办公环境噪声的声压级为 50 ~ 60 dB，普通对话声的声压级为 65 ~ 70 dB，纺织厂织布车间噪声的声压级为 110 ~ 120 dB，小口径炮响噪声的声压级为 130 ~ 140 dB，大型喷气式飞机噪声的声压级为 150 ~ 160 dB。在日常生活中，噪声直接影响人们语言交流的听取率，为了达到 100% 的会话听取率，室内的噪声应控制在 45 dB 以下，最好在 40 dB 以下；室外的噪声应控制在 60 dB 以下，最好在 55 dB 以下；室内夜间噪声则应控制在 40 dB 以下。噪声对人的思维活动和需要集中精力的脑力活动干扰极大，50 ~ 60 dB 以上的声压级就会对一些要求高技能和处理复杂信息等的思维分析作业产生影响，噪声对体力作业的影响相对较小，90 dB 以上才会产生一定影响。

简而言之，噪声对作业效能的影响具有以下几个方面的特点：第一，高频率噪声比低频率噪声的干扰大；第二，噪声的声压级越大，影响越大，大于 100 dB 以上就需要采取降噪措施；第三，间断性，尤其是无预料性的噪声影响大于连续性噪声；第四，要求长时间保持警觉的工作受噪声干扰大；第五，不熟悉的噪声更令人生厌。

对于噪声的控制和防护，可以从声源、声音的传递过程和声音的接受（即个人防护）这三方面着手。控制声源是降低室内噪声最有效的方法，在建筑规划时需要考虑室外环境噪声的影响，与噪声声源的距离越远，噪声强度衰减程度就越大。在安排室内功能空间时，应将噪声大的房间尽量远离精神需高度集中的房间，两者之间用其他房间隔开，作为噪声缓冲区。在进行两个房间的隔层设计时，应考虑墙、门、窗及天窗等对噪声的隔声作用，如在房间的墙和顶棚上安装吸音材料、选择吸音消声的建筑材料和构件。由于电视机的声压级为 60 ~ 80 dB、洗衣机为 42 ~ 50 dB、电冰箱为 34 ~ 50 dB，因此在进行家居空间的设计时，这些家电不宜放在卧室，还可以通过布置室内绿化或隔断，阻挡和吸收噪声的传播。

图 3-27　室内视听设计示意

2. 回声

回声是指由声源直接传入耳朵的声音和由于墙体等反射后传入耳朵的声音在时间上产生差异时出现的一种声音现象。如果将时差控制在 1/20 秒以内，就不会产生回声，因此可以使用吸音材料以增加室内的吸音效果，尤其是在音乐厅、大会议厅、剧院等场所。在室内界面设计中应避免大规模的长方形平面和对称平行平面，可以通过墙壁等室内结构形状的合理设计，如利用抛物面等特殊造型界面将经过反射后的声音集中在声源和受音点之间，所有声音的传播路线差需要控制在 17 m 以下，从而达到有效防止回声的效果（图 3-27）。

3. 混响

混响就是指声源切断后，声音在室内还能保留一段时间的现象。室内最佳混响时间与用途、频率、室内空间大小密切相关。音乐厅等室内空间具有一定的混响时间能增加音乐效果，但混响时间必须适当控制，否则会产生负面效果。

第五节　人与触觉环境

一、触觉与室内外环境设计

触觉是皮肤受到机械刺激而引起的感觉。与视觉一样，触觉也是人们获得空间信息的主要感觉渠道，可以辨别物体的大小、形状、软硬、冷热等。在室内外环境和家具设计中，都应该考虑触觉特性的要求，直接与人体接触的表面需要选择体感较舒适的材料，尽量保持光滑和避免无触痛的危险。触觉特性对于盲人的无障碍设计十分重要，在道路边缘、建筑物入口、楼梯第一步和最后一步，以及平台的停止处、道路转弯处等地方，均应设置为盲人服务的起始和导向触觉提示（图 3-28）。

图 3-28　楼梯细部设计

二、温度感觉与室内外环境设计

人们在温度舒适的环境下，工作和休息的质量都会极大提高，因此室内外环境的温度感觉也是一项不容忽视的内容。

1. 评价指标

有效温度是指人在不同温度、湿度和风速的作用下所产生的温度感觉指标，是以风速 0、相对湿度 100% 条件下的温度来表达其他条件下的同等温度感觉的值。

（1）温度 17.7℃，相对湿度 100%，风速 0 m/s；

（2）温度 22.4℃，相对湿度 70%，风速 0.5 m/s；

（3）温度 25℃，相对湿度 20%，风速 2.5 m/s。

以上三种条件的温度感觉是相同的，因此以有效温度 ET = 17.7 ℃来代表这三种温湿环境。绝大部分人感觉舒适的有效温度为 23.7 ~ 26.7 ℃。在相对安静的状态下，夏天的舒适区为 19 ~ 26 ℃，冬天的舒适区为 17 ~ 22 ℃。

最舒适温度是指人在心理上感到满意的温度，既不冷也不热，它与环境温度的关系极为密切（表 3-10）。在进行室内外环境设计时，需要根据使用目的来进行合理的环境温度设计。最舒适温度有以下几种。

表 3-10 个别场所的最舒适温度

场所	最舒适温度 /℃	场所	最舒适温度 /℃
餐厅与休闲处	16 ~ 20	散步	10 ~ 15
卧室	12 ~ 14	浴室与厕所	18 ~ 20

（1）心理最舒适温度（主观舒适温度），即从心理上主观感觉舒适的温度。

（2）生产效率最舒适温度（效率温度），即能获得最佳生产效率的温度。

（3）生理最舒适温度（健康温度），即从人体生理学和保健学角度考虑，对健康最有利的温度。

一般情况下，以主观舒适温度作为最舒适温度进行评价，但以上三种温度基本一致，静坐时主观舒适温度一般为（21±3）℃。

影响最舒适温度的主要因素包括以下几个方面：

（1）环境因素，如空气的干湿度、水蒸气压力、空气流速和热辐射等。

（2）年龄因素，中老年人比年轻人怕冷，因为中老年人末梢血液循环功能变差，身体感觉舒适的温度也会有所增高。

（3）生理因素，一般指人的新陈代谢、肥胖程度和汗腺功能等。

（4）作业性质的影响，作业负荷越大，代谢越强，发热量也就越多，人体感觉也就越热，因此感觉舒适的环境温度相对要低，精神性作业的效率和体力作业效率与温度的关系也不同。

（5）性别因素，一般女性比男性感觉的舒适温度高 1 ~ 2 ℃，这与人体代谢功能（发热量）和衣着情况有关。

（6）季节因素，夏天感觉舒适的温度比冬天高 2 ~ 3 ℃。

2. 室内空调

随着全球气温变暖，我国各地区夏季温度不断升高，空调迅速普及，空调病也在不断增加。为了防止不舒适感和空调病，在设置冷气空调温度时，一般以与室外温度差 5℃左右为宜，同时最好使室内温度有一定的波动，或使气流产生 1 m/s 的流动，并应定时开窗通风，保持与室外新鲜空气的流通。

3. 人体与室内外热环境

人体与室内热环境是一个相互作用的过程，它对人的生理和心理都会产生极大的影响。在人与室内环境的热交换过程中，一般需要经过三道防线：第一，皮肤，皮肤上的传导、辐射、蒸发等因人而异；第二，衣着，因面料、薄厚等的差异，热交换也不同；第三，房屋，与房屋结构的隔热和保温性能、供暖和通风设备的性能条件密切相关，这是室内设计时需要密切关注的问题。

在房屋结构确定的情况下，以下几点就显得尤为重要：第一，供暖，我国北方每年的 11 月中下旬开始供暖，由于温差太大容易引起感冒，因此室内温度不能太高，湿度保持在 40% ~ 70% 较为正常；第二，送冷，主要针对夏季室内的温度，尤其是空调；第三，通风，在日常生活中，常用的通风换气的方法分为自然通风和机械通风，一般建议采用自然通风，可以有效防止病毒传播，节省资源，利于身心健康。

第六节 人与空气环境

在日常生活中，室内的气味环境十分重要，直接影响人的情绪和工作效率。气味在一些国家已经成为一种产业，他们针对气味对人体的影响（如对大脑觉醒度的影响）进行了多方面的研究，将气味分为药味型、花香型、果实型、树脂型、腐烂型和焦臭型六大类别，日本学者甚至将气味尺度化，分成七个等级，并用数字表示，称为气味指数（表3-11）。

表 3-11　气味指数

气味指数	语言形容	说明
0	无气味	安全无感觉
1/2	气味最小阈值	极微量，通过训练的人能闻到
1	气味明显	正常人能闻到，但无不舒适感
2	气味普通	无不舒适感，但也无舒适感，室内允许界限
3	气味强烈	不舒服
4	气味剧烈	很不舒服
5	气味不能忍受	呕吐

通过气味指数表可以看出，在室内外环境设计时，需要格外考虑室内的有效通风，室内气温越高，人均占有空间越小，气味浓度就会越大，也就越需要增加新风和排风量，以保持室内空气的新鲜洁净。

◎ 本章小结

本章主要介绍了人与环境的关系，人在视觉、听觉、触觉等方面对环境的要求以及环境对人的制约。

◎ 思考与实训

1. 影响热环境的要素有哪些？
2. 进行听觉环境设计时有哪些注意事项？

第四章 人体工程学与环境空间设计

知识目标

理解人体工程学在环境空间设计中的应用目的，掌握人体工程学在环境空间设计中的应用方法。

能力目标

能够将人体工程学知识合理运用到室内设计及景观设施设计之中。

第一节 人体基本尺寸与室内空间

一、室内空间的分类

室内空间是人们进行工作、生活、休息、娱乐等活动的重要场所，它必须能从生理、心理等诸方面满足人们的各种需求。人们的心理空间要求受到限制时，就会产生不愉快的消极反应，同时恶劣的活动环境也会降低人们的活动效率。根据人们的不同需求，可以将室内空间分为：

（1）行为空间：满足人们行为活动所需要的空间，如通道、出入口等（图4-1）；

（2）生理空间：在生理上满足人们需要的空间，如视觉上的空间要求等；

（3）心理空间：在心理上满足人们需要的空间，包括亲密距离、个人距离、社交距离和公共距离，如室内功能区域的划分等（图4-2）。

图4-1 室内空间示意图

图4-2 室内空间示意图

从人体工程学的角度分析，一个理想的作业空间设计，应能最大限度地减少作业者的不便和不适，使作业者能够方便、快捷、高效地完成各项任务。因此，设计要以人为中心，以人在空间中作业的身体尺度和功能需求为主要依据，如人体坐姿抓握的空间尺度、手臂水平作业的空间尺度、站立时上肢活动的空间尺度等，空间尺度是进行室内外设计的重要尺寸依据（图4-3）。

图4-3 室内家具

二、室内空间尺度与空间形式

在人的感觉器官中，视觉器官对空间的大小、方向、形状、深度、质地、冷暖、立体感和封闭感等因素的反应最为敏感，这些是人们对室内空间进行判断的基本依据。因此，能否合理利用人对空间的视觉特征是室内外设计成功与否的关键（图4-4）。

1. 室内空间尺度

室内空间尺度包括空间的实际大小和视觉空间大小。空间的实际大小是一种有限定的几何尺寸，不受环境因素的影响，而视觉空间大小则会受到环境因素的影响，并可以通过人体的视觉效应做出改变。一般而言，利用人的视觉特性，可以通过以下几种方法扩大室内空间尺度：第一，形成大与小的对比，如采用较为矮小的家具、设备和装饰构件可以衬托出较大的空间；第二，局部化大为小，如室内面积较小时，可选用小尺寸的地板拼装地面，以衬托出较大的空间感觉；第三，作界面延伸的处理，将顶棚和墙壁交界处设计成圆弧形的平滑延伸状，通过对边界的模糊处理可以扩大知觉空间；第四，色彩调节，根据人眼对色彩的敏感度及心理共鸣可达到扩大空间的效果，如白色的墙面和天花搭配浅色的地板与家具，会使空间显得比实际大。

2. 室内空间形式

不同的空间形式可以产生不同的视觉效果，因此对于空间形状的细致把握是非常重要的。

（1）结构空间：将结构作为艺术处理的设计对象可以展示空间的特殊效果（图4-5）。

图4-4 室内空间示意图

图4-5 室内特殊空间设计

（2）封闭空间：采用实体墙分隔空间，减少室内空间中的虚界面，可以产生较好的私密性和神秘感（图4-6）。

（3）开敞空间：采用通透、半通透的装饰材料分隔空间，增加室内空间中的虚界面，可在视觉上给人以强烈的开放感（图4-7）。

图 4-6　室内封闭空间设计　　　　　　　　　　图 4-7　室内开敞空间设计

（4）共享空间：公共场所及交往空间。

（5）流动空间：通过电动扶梯和变化的灯光效果可给人以流淌的空间感觉。

（6）迷幻空间：通过特殊的造型和装饰设计可产生空间的神秘感。

（7）子母空间：在大空间中设计小空间，通过这种处理手法能够丰富空间的层次感（图 4-8）。

3. 空间开敞程度

视觉空间的开敞程度与空间界面的开洞位置、洞口大小和方向等直接相关，长期在封闭的室内生活或工作的人往往会感到压抑，长期在开敞通透的室内生活或工作的人，由于过多地受到干扰、失去应有的私密性，也会产生不良的心理感觉。因此，室内空间设计要根据不同的用途确定合理的空间开敞程度。影响室内空间开敞程度的因素主要包括以下三个。

（1）建筑实墙和门窗洞口的数量。窗户和洞口属于虚界面，墙和顶棚属于实界面，实的界面越多，封闭感越强；虚的界面越多，开放感越强（图 4-9）。

图 4-8　室内子母空间设计　　　　　　　图 4-9　室内空间设计

（2）顶棚的分格空洞。分格设计的顶棚空间比平板设计的顶棚空间显得高，顶棚透有空洞或透光玻璃等，室内空间则显得宽敞。

（3）照度与色彩。照度高、冷色调的室内空间显得宽敞，反之则显得狭小（图 4-10）。

4. 室内立面尺寸调整

一般而言，可以将室内空间的立面分为三个层次：第一个层次是 750 mm 以下的空间范围，包括大部分家具；第二个层次是 750～2 030 mm 的空间范围，主要是家具和灯具；第三个层次是 2 030～2 440 mm 的空间范围，属于超出人体可触及的范围，可以通过搁架、灯具、吊顶等进行立面空间的调整美化。协调美观的立面比例是室内设计后期处理最重要的一个环节（图4-11）。

图4-10 室内空间设计　　　　　　　图4-11 室内界面设计

第二节　人体工程学在室内设计中的应用

一、人体工程学与家居空间

【作品欣赏】家居空间设计示例

营造一个高品位的家居环境，不是单纯地将昂贵的家具和装饰品进行组合摆放，而是需要从科学与美学的角度，从空间规划、色彩、光线、个性等方面巧妙构思，以使身心得到放松和满足。家居空间设计是一门学问，涉及很多人体工程学的因素，如今普遍提倡的"人性化家居""健康家居"等都是人体工程学研究的重要内容。

1. 空间规划及家具摆放

一般情况下，家居空间可以划分为三个主要功能区，即休息区、生活区和活动区。休息区是供睡眠和休息的区域，相对需要安静、隐蔽；生活区是具有就餐、盥洗功能的区域，包括厨房、餐厅、卫生间等，此类空间要求通风、安全、清洁（图4-12）；活动区主要是学习、接待、娱乐的区域，包括客厅和书房等，其空间相对需要体现自由、雅致和高品位（图4-13）。

图4-12 家居空间中的生活区设计　　　　　图4-13 家居空间中的活动区设计

现代人生活方式的改变也使室内空间的功能形式发生了改变，如建筑的分隔墙体逐渐减少，客厅、餐厅和书房，甚至卧室都可以根据不同需要设置屏风、幕布等隔断类的陈设品进行任意划分，每个区域都可以处于通透或半通透的状态；卧室空间在功能上可以集休息、观赏、休闲等功能于一体，采用床边地毯、躺椅、落地灯、杂志架、床头桌和装饰陈列品的组合设计可形成轻松的休闲和交流区域，嵌在天花板上的电视更是方便居住者躺在床上观赏；通过开放式的操作餐台、餐桌椅和吧台等的设计，厨房可以作为烹饪兼餐厅的多功能场所。这种空间功能的模糊化和多样化与传统的室内空间布局迥然不同，需要根据空间的建筑结构、使用者的心理特点和行为习惯进行具体细化的空间规划设计。

【知识拓展】小户型空间设计

家具摆放首先需要满足使用功能的要求，其次是按照视觉和心理认知布置家具。例如，在居室通道路线中，尽量不摆放任何家具和物品，以保证通行顺畅；电视机应远离窗户并靠墙摆放，以防止眩光和人为干扰；双人床与墙体之间应至少保留 350 mm 的通道宽度，以保证顺利通行；儿童房的家具需要避免坚硬和棱角，其造型和色彩应符合孩子的天性（图 4-14）。

2. 家居必备品的整理与储存

营造正确的秩序与合理的储藏也是人体工程学研究的重要内容之一，人体工程学的研究目的之一就是形成高效、便捷、有序的生活方式。可以从以下几方面更好地组织和安排物品。

（1）基本原则和方法。储藏空间设计的基本原则是分门别类、各就各位、不要重复和控制藏露，这也是人体工程学提倡的精神，可以减少重复劳动、提高家居工作效率（图 4-15）。储藏空间设计的主要方法包括：第一，在整体规划空间设计时，预留部分储藏区域；第二，有效利用角落、楼梯下面及墙面安装壁橱等；第三，设计固定的场所，便于将相似的物品分门别类和经常使用的东西就近放置等。

（2）生活区的储藏空间：

①厨房。随着人们生活质量的提高，厨房成了家庭生活的又一个中心，橱柜也相应成了储藏的主角。早期的厨房只有灶台，所有的用品都摆放在明显的地方，由于标准化和工业化生产的发展，整体橱柜提供了一种新的生活方式，橱柜成为功能最强的储藏形式。因此，橱柜内的抽屉、隔板、搁架、酒杯架、餐具托等抽取式部件的设计就显得尤为重要，要想达到使用方便的目的，就需要根据不同的使用对象进行具体细化的设计（图 4-16）。

图 4-14　家居空间的细部设计　　图 4-15　活动区的储藏　　　　图 4-16　生活区的储藏空间设计
　　　　　　　　　　　　　　　　　　　　空间设计

②衣橱。在设计衣橱时，首先要明确放置物品的尺寸，如大衣需要预留约 1 500 mm 的高度空间，如果尺度太小，就会产生褶皱。此外，采用抽取式的橱架储藏小件衣物是较为理想的，在衣橱

的顶端设置射灯会更便于拿取衣物。

（3）学习区的储藏空间。近年来，随着SOHO（家居办公）族的增加，家庭办公逐渐流行。家庭办公室的储藏形式多种多样，但家庭办公区相对较小，或仅处于房间中的某个角落。因此，一般以功能的合理性设计为主，需要特别考虑其使用方式和布局规划，以提供足够的空间储藏设备、办公用品、计算机、打印机、电话、纸张、文件等，甚至可以包括洽谈区和备用工作台等。

3.　家居空间常用人体尺寸

家居空间常用人体尺寸如图4-17至图4-21所示。

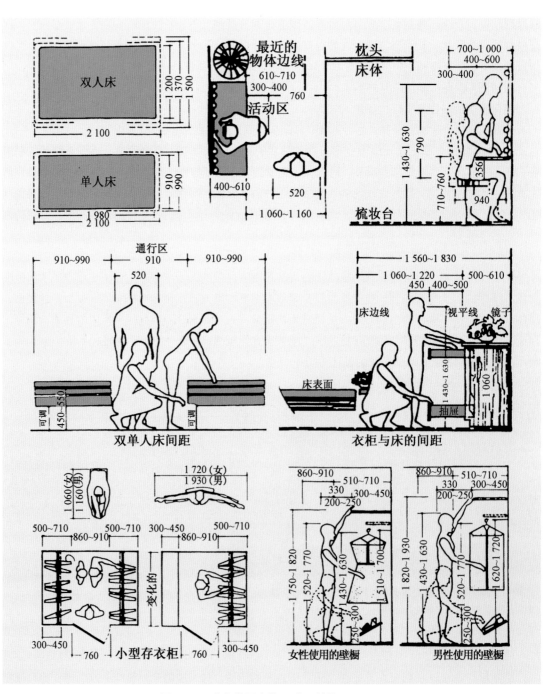

图4-17　卧室常用人体尺寸（单位：mm）

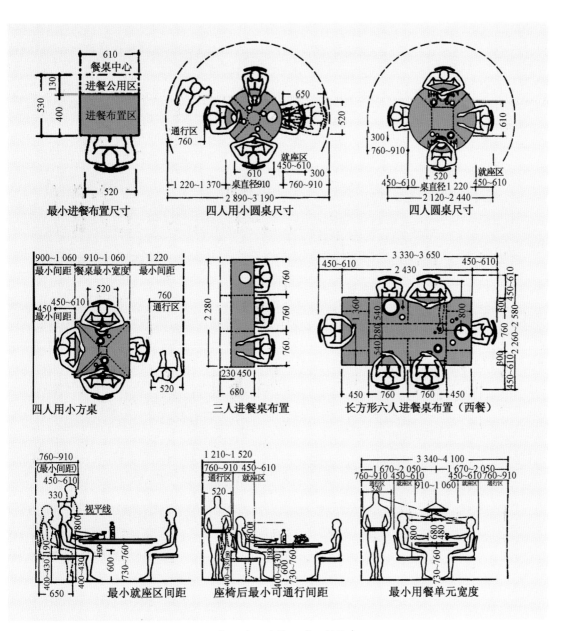

图 4-18 餐厅常用人体尺寸（单位：mm）

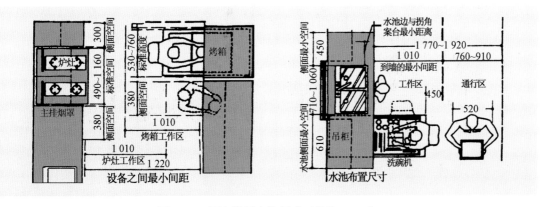

图 4-19 厨房常用人体尺寸（单位：mm）

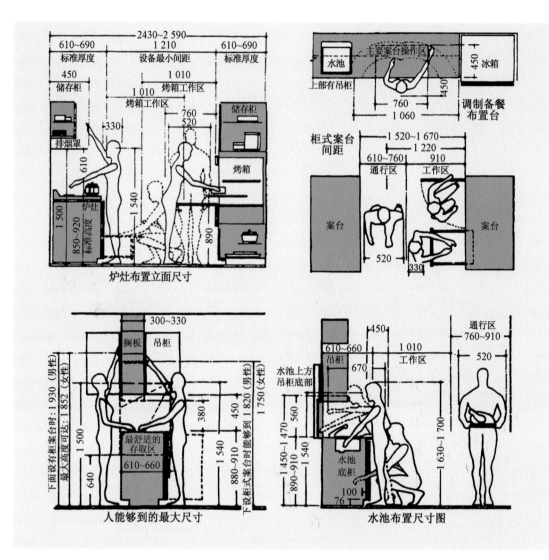

图4-19　厨房常用人体尺寸（续图）

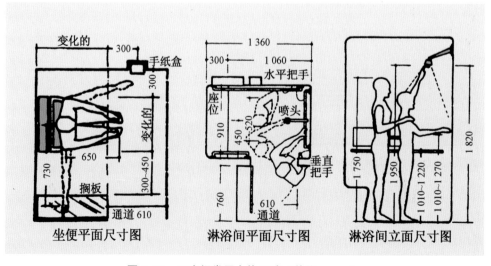

图4-20　卫生间常用人体尺寸（单位：mm）

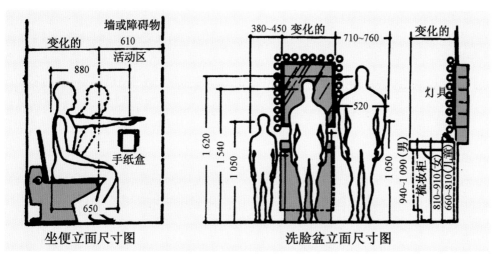

图4-20　卫生间常用人体尺寸（续图）

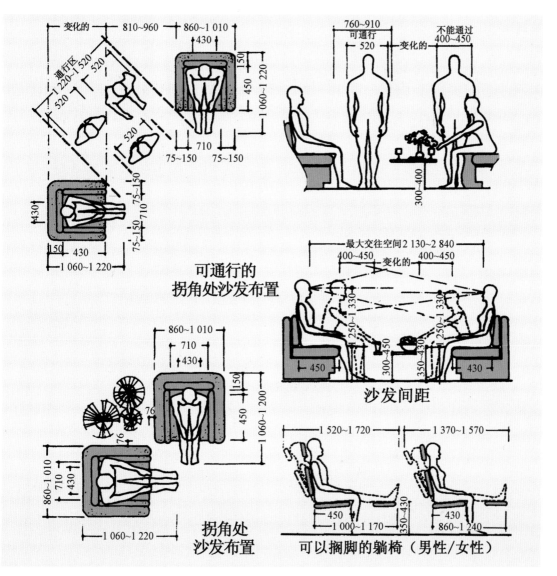

图4-21　起居室常用人体尺寸（单位：mm）

4. 家居空间的光环境设计

家居照明一般可以从背景照明、工作照明和装饰照明这三方面进行考虑。背景照明主要起到空间整体照明的基础照明作用；工作照明主要集中在工作区域和操作区域，使人能够近距离地进行精细作业，工作区的照明直接影响到人们的工作效率和身心健康，可以通过台灯、落地灯、多角度调试的夹灯等对工作区域进行重点照明；装饰照明主要是针对装饰品或特殊效果的局部照明。通过这几种照明手法可以塑造出极富层次感和艺术性，并符合人体视觉需求的室内空间（图 4-22 至图 4-24）。

图 4-22　家居空间的光环境设计　　　　　图 4-23　家居空间的局部照明设计　　　图 4-24　家居空间的局部照明设计

一般而言，室内空间中常用的方便装设插座或灯具的地方包括电视机后面、大衣橱内部、门厅、吊柜底部、有玻璃门的立柜内、床头两侧和梳妆镜上方等。从人体工程学的角度考虑，电线设置的安全性是家居空间设计的关键，合理布线还能增加房间的整体美观。

具体来讲，室内光环境包括自然采光、人工照明和照度等评价指标，由于不同的人在不同时间、不同环境和从事的不同活动对光照强弱的需求存在差异，因此应该针对特定环境中的特定群体进行光环境的评价（表 4-1 至表 4-3）。

表 4-1　重点照明系数

重点照明系数（物体照度/背景照度）	2/1	5/1	15/1	30/1	50/1
照明效果说明	明显的	低戏剧性的	戏剧性的	生动的	非常生动的

表 4-2　家居室内空间照度标准

功能空间	客厅	卧室	书房	儿童房	厨房	厕所、浴室	楼梯间
我国照度标准 /lx	30 ~ 50	20 ~ 50	75 ~ 150	30 ~ 50	20 ~ 50	10 ~ 20	5 ~ 15

表 4-3　家居室内空间内不同作业面的照度标准参考值

类别		参考面及高度	照度标准值 /lx		
			低	中	高
起居室及卧室	一般活动区	750 mm 水平面	20	30	50
	书写阅读	750 mm 水平面	150	200	300

续表

类别		参考面及高度	照度标准值 /lx		
			低	中	高
起居室及卧室	床头阅读	750 mm 水平面	75	100	150
	精细作业	750 mm 水平面	200	300	500
餐厅、方厅、厨房		750 mm 水平面	20	30	50
卫生间		750 mm 水平面	10	15	20
楼梯间		地面	5	10	15

二、人体工程学与办公空间

随着社会的进步，现代办公空间发生了很大变化，在人体工程学方面的考虑甚至多于其造型方面的考虑。

1. 功能分区

一般规模的办公空间需要满足的功能要求包括前台或文员工作区、经理室、会计出纳室、会议室、文印室、休息室和卫生间等。大型办公空间的功能则更加复杂，如专门的接待室、资料室、展示室、健身室等。为了适应办公空间中的不同功能要求，办公空间的分区需要符合不同人的使用功能，同时也要保证出入口和通道的正常流通。根据相关要求，面积大于 60 m² 的会议室等人员聚集场所，需要设置两个出入口以缓解人流压力。由此可见，室内设计的第一步就是根据不同的功能要求，从人体工程学的角度合理划分空间。

（1）前台：可以在公司大门的入口处单独设立接待台，以保证对外来人员的引导和公司的安全。一般来讲，前台是公司的门面，在设计上最好能体现出公司的品位和特色。

（2）工作区：工作区是公司中最繁忙的中心区域，包括全开敞式、半开敞式和封闭式三种类型。全开敞式办公可以创造一种比较现代、轻松的工作环境，员工之间可以无障碍交流，领导也可以有效监控员工的工作状态，但全开敞式办公的抗干扰性和私密性较差；半开敞式的办公空间是指利用高度约为 1 500 mm 的隔断对开敞的空间进行重新分隔，每位员工都有属于自己的空间，交流方便且干扰较少，是目前最受欢迎的一种办公类型（图 4-25）；封闭式办公环境中的每个功能区都被明确界定，私密性较好而交流性较差，不适合团队合作性的工作。

图 4-25　半开敞式的办公空间

2. 办公家具的选择

目前，国内外的一些设计优良的办公家具总能反映出很多人体工程学的理念。办公家具一般包括能够放置计算机和打印机的工作台，放置各种文件、书籍和物品的文件柜，放置常用办公用品的推拉柜等。现代办公空间较为流行整体式的办公家具，不仅安装方便、使用灵活，而且形式多样、功能齐全。办公室空间的常用人体尺寸如图 4-26 和图 4-27 所示。

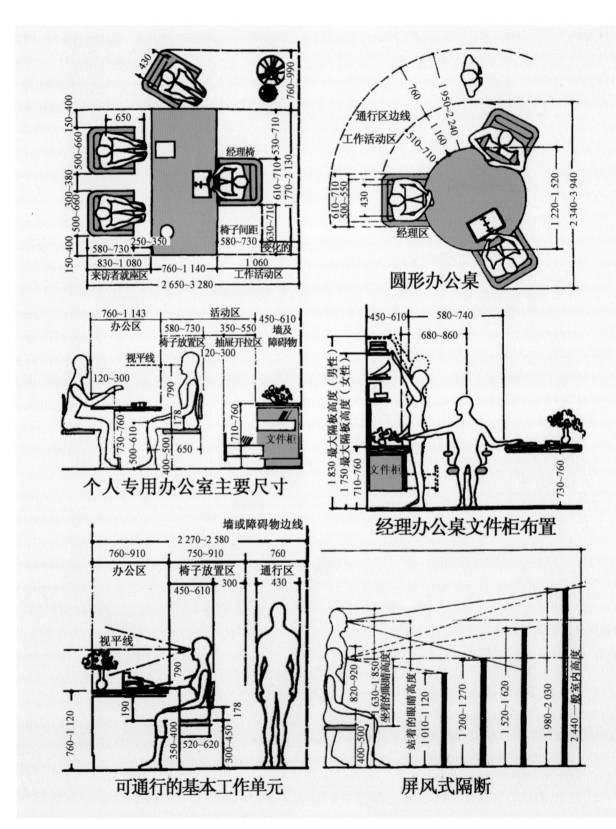

图4-26 办公室常用人体尺寸a（单位：mm）

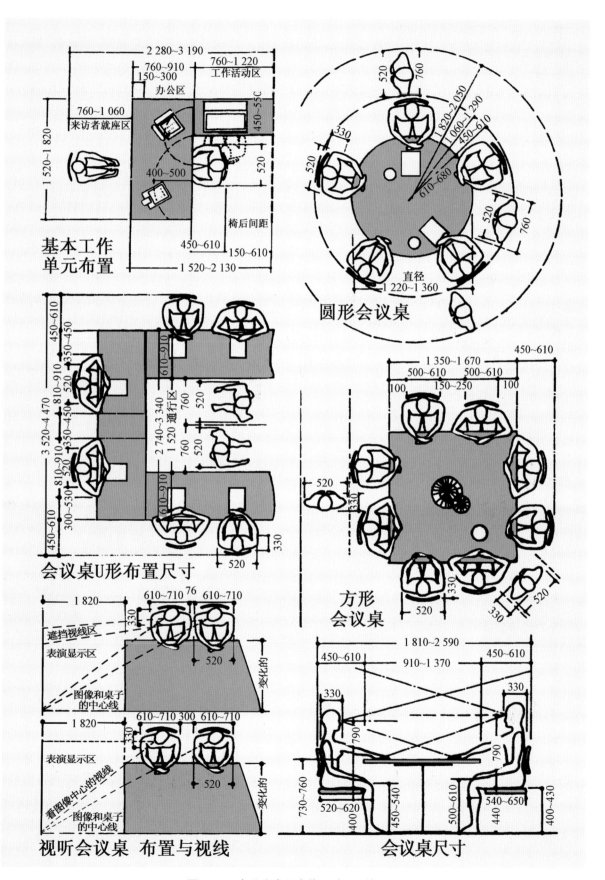

图 4-27　办公室常用人体尺寸 b（单位：mm）

3. 办公室的照明环境

办公室的照明环境对工作质量和效率有着极大影响。在实际设计时，以下方法供参考：第一，在工作中的视野内，不应直接看到光源；第二，光源亮度较为刺眼时，需要使用遮光罩；第三，光源要安装在与水平成30°角以外的区域；第四，荧光灯灯管的安装方向要垂直于视线方向；第五，总体光源功率确定时，低功率多点式照明比高功率集中式照明更为合理；第六，桌面尽量不使用易反光的材料和颜色；第七，照度以500～750 lx为宜；第八，灯具的设置最好与工作桌的设置相一致，以免产生死角。

综上所述，一般办公室需要满足一定照度，但在特殊情况下，为进一步减少眼睛疲劳，局部照度就需要达到1 000～2 000 lx。在室内亮度的分布上，大面积、高亮度的顶棚容易产生眩光，因此，一般办公室在保证顶部基础照明的同时，需要适当增加台面与局部照明。个人专用办公室一般并不要求均匀照明，可以通过重点照明加强室内的艺术效果。会议室的主要照明问题就是满足会议桌上的照度要求，需要达到标准并均匀布光。营业性办公室的室内照度一般以750～1 000 lx为宜（表4-4）。另外，可将室内人工照明分路串联成若干线路，根据不同情况通过分路开关控制室内照明，使办公室总体照明得以平衡，或者安装调光装置以控制室内照明，通过这些方式可以更加有效地利用自然采光（图4-28至图4-30）。

表4-4 办公空间照度标准

功能空间	照度标准值参考 /lx	功能空间	照度标准值参考 /lx
一般办公室（正常）	500～750	会议室	300～500
纵深平面	750～1000	绘图室（一般）	500～750
个人专用办公室	500～750	绘图板	750～1000

图4-28 光源示意图

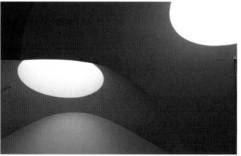

图4-29 光源示意图

图4-30 光源示意图

三、人体工程学与餐饮空间

1. 餐饮空间的平面规划及家具摆放

餐饮空间的平面规划首先需要考虑空间的特殊结构和充分利用，同时需要满足就餐的尺度要求，预留尺度充足的过道，以保证就餐者和服务员的正常通行。在餐厅的家具选择中，最重要的是餐桌椅和柜台（菜柜、酒柜和收银柜），餐桌椅的造型和色彩应尽量与环境协调统一。餐饮空间中的座席排列要求整齐，避免相互干扰，以便交流和就餐，同时也要预留足够的就餐活动空间，可结合隔断、吊顶和地面升降等空间限定因素进行布置。

2. 餐饮环境的设计

（1）照明环境。一般而言，大众型餐厅（餐馆、快餐厅、咖啡馆）的照明环境应尽量做到简洁明亮，宜多使用自然采光，空间宜开敞豁亮。酒吧和风味餐厅的照明环境设计以偏暗色或暖色调为宜，照度要求偏低，多采用暖色的白炽吊灯和壁灯，也可利用烛光点缀环境（表4-5）。宴会厅的照明环境可采用明亮的暖色调，白天使用自然光和灯光组合照明，多用暖色白炽吊灯和吸顶灯，或含滤光片的日光灯。概括而言，餐饮空间的照明环境设计可以参考以下几点来进行：第一，光色应与建筑物内部装修色彩协调；第二，避免局部亮度过高，防止产生眩光；第三，照度的分布要合理，尽量做到层次丰富；第四，可以通过灯光的不同投射方向突出主题；第五，灯具的造型特征尽量与室内家具布置相统一。对餐饮空间的光源与灯具选择要求其基本光色能给人一种亲切温暖的感觉，高照度区可以采用荧光灯，局部要求更高照度的地区可采用碘钨灯；冷色调的荧光灯可以在办公室、内部用房、厨房等地区局部使用，其他餐饮空间一般不宜使用（图4-31和图4-32）。

表4-5 餐饮空间内不同作业面的照度标准参考值

类别	参考面及高度	照度标准值 /lx		
		低	中	高
主餐厅、客房服务台、酒吧柜台	750 mm 水平面	50	75	100
西餐厅、酒吧间、咖啡厅、舞厅	750 mm 水平面	20	30	50
食品准备、烹调、配餐	750 mm 水平面	200	300	500

图4-31 餐饮空间的光环境设计   图4-32 餐饮空间的局部照明设计

（2）色彩环境。大众型餐厅一般宜采用明快的偏冷色调，如白色、灰绿色、浅橙色等，给人以干净、整洁的印象。风味餐厅、宴会厅和咖啡馆一般宜采用典雅的偏暖色调，如砖红、杏色、驼黄、银色和金色等（图4-33）。

（3）细部设计。窗帘、台布、插花、餐具的造型和色彩会直接影响总体空间的视觉效果，所以应尽量做到整体和谐雅致、局部对比鲜明，并应注意和整体色彩相互呼应（图4-34）。另外在明显的通道处还需要设置引导牌，以便顾客通行。

（4）音质环境。根据不同场合的需要，可以设置不同的背景音乐（一般以轻音乐为主），但是音量宜小，一般不宜影响同桌人的谈话。

（5）通风与安全。保持通风与合适的温湿度也是餐饮环境必不可少的条件，但需要注意通风与空调设备的隔音，防止由此产生噪声。此外，还需要注意具备防火安全措施，安装防火设备并保证疏散通道的通畅，设计通透的备餐区和货架能给人以放心感。

图 4-33 餐饮空间的色彩设计

图 4-34 餐饮空间的局部装饰设计

3. 美食城、快餐厅和酒吧设计分析

（1）美食城。美食城包括库房、厨房、备餐区、卫生间、客席、服务台、包间、收款台、酒水柜、接待区、等候区、员工更衣室等主要功能空间。在设计美食城时需要注意以下几点：第一，美食城用餐时间长；第二，整体环境宜幽雅且具有私密性；第三，光色环境宜热烈而暗淡；第四，餐具量大，服务员多，占地面积较大；第五，通风好，设有空调设备排风送风；第六，一般设有背景音乐或电视等娱乐设备。

（2）快餐厅。快餐厅的种类很多，多以经营者或其特色食品为名，如麦当劳、肯德基等。快餐厅的规模大小不等，主要特点是"快"，因此在内部空间处理和环境设计上应尽量简洁明快，避免复杂烦冗，宜选用简便且便于清洗的装修材料。为了加速人员流动，快餐厅的座位一般以座席为主，柜台式的席位是目前国内外较为流行的一种座位形式。快餐厅的食品多为半成品加工，因此厨房可以设计成通透的操作间，并向座席敞开，在城市的繁华地区还可以设置外卖窗口。快餐店的功能空间一般包括厨房、备餐区、站席、座席、柜台、办公室、收款台、等候区、休息室、舞台、卫生间、服务台、接待区、储藏室和门厅等。

（3）酒吧。酒吧不同于一般概念上的餐馆，它需要体现更为轻松随意、不拘传统的设计特点，酒吧内的每个交流区域面积不宜太大，较好的私密性、神秘感和独特性会更吸引年轻人的注意，这也是酒吧设计的重点内容。

餐饮空间的常用人体尺寸如图 4-35 所示。

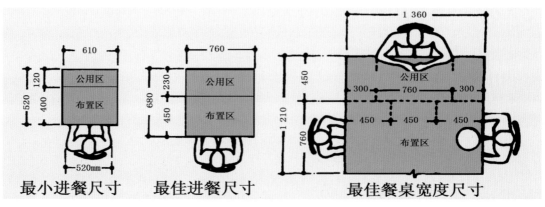

图 4-35 餐饮空间常用人体尺寸（单位：mm）

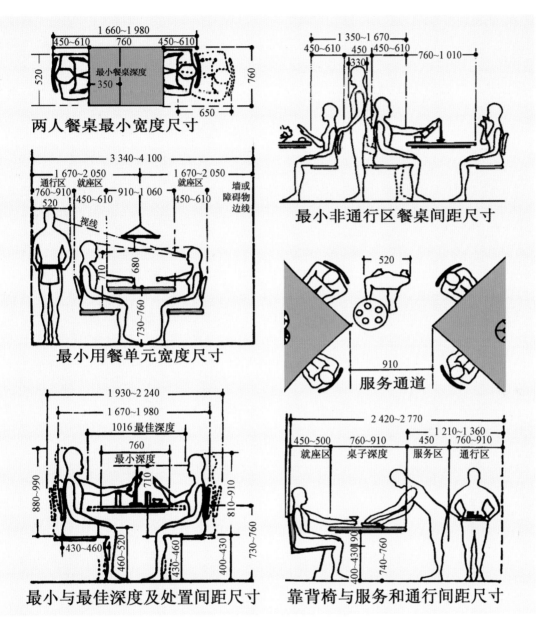

图 4-35　餐饮空间常用人体尺寸（单位：mm）（续图）

四、人体工程学与商业空间

　　商业空间一般通过空间造型、商品陈列、照明环境和展示家具等方面的设计，展示商店的功能与形式美，营造新颖独特的视觉亮点，诱发顾客的购买欲，以达到商业盈利的最终目的（图 4-36）。

　　1. 商业空间的设计内容

　　商业空间环境设计的内容主要包括平面布局规划、商品展示柜、橱柜、销售商品的柜台、储存商品的仓库空间设置，室内照明

图 4-36　商业空间的外部环境设计

环境，灯具造型，通风及供冷、暖设备的定位，以及宣传广告及空间美化等。从人体工程学的角度来说，百货商店的营业大厅要宽敞，地面、墙面、柜台、栏杆等人体经常接触的部位需要使用便于清洁和经久耐磨的装饰材料，通风、采光设施需要保持平稳状态；大型百货商店内不同营业区域的设置需要根据商品的特性进行安排，日用商品宜摆设在最方便的部位，贵重商品可以摆设在楼上，笨重商品可以安排在底层或地下；需要合理安排顾客流动路线和货物进出路线，以避免路线的交叉；在空间隔断和柜台货架的平面布置上需要考虑其灵活性，以便于临时更换经营商品。

概括而言，商业空间的设计主要包括以下三个方面的内容。

（1）功能布局合理，购物环境舒适，照度层次分明，光感适量。顾客在商业空间内的心理活动主要呈现以下几个阶段的变化趋势：①不关心→②注意→③兴趣→④联想→⑤欲望→⑥比较→⑦信赖→⑧行动→⑨满足。处于①阶段时，主要依靠外部装修、色彩、照明等创造出个性独特的风格和易于接近的气氛，②、③、④阶段主要是通过店面和橱窗的强化表现，⑤阶段需要将商品置于最佳的展示环境中，这也是满足顾客⑥、⑦、⑧阶段心理活动的需求，⑨阶段需要考虑商店整体环境的协调统一，给顾客留下较好的印象。就照明环境而言，地处商业中心的商店，照度范围为 1 000 ~ 2 000 lx，远离商业中心的商店，可以采取 500 ~ 1 000 lx（表 4-6）。商店内部的一般照明要求布光均匀，并需要同时考虑水平面和垂直面的照度，尽量避免出现墙面阴影。在大中型商场中，也可以通过光照区分不同的售货区，一般情况下，重点照明为一般照明的 3 ~ 5 倍，以突出商品的质感、立体感、光泽度等，还可以针对一些商品，如纺织品、服装等进行垂直面的装饰照明（图 4-37、表 4-7）。

表 4-6　商业空间的不同照度效果

照度 /lx	180	480	780	1 200	2 000
吸引路人停留的概率 /%	11	15	17	20	24

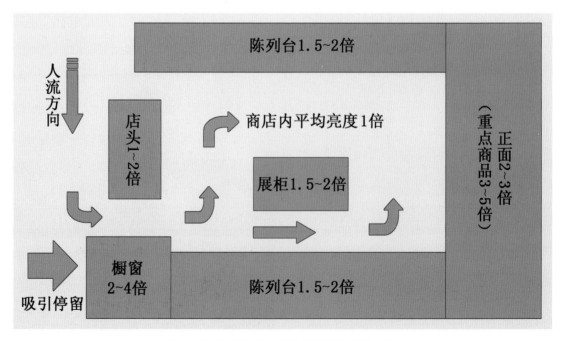

图 4-37　商业空间内各功能区域的照明关系

表 4-7　商业空间内不同作业面的照度标准参考值

类别		参考面及高度	照度标准值 /lx		
			低	中	高
一般商店营业厅	一般区域	750 mm 水平面	75	100	150
	柜台	柜台表面	100	150	200
	货源	1 500 mm 水平面	100	150	200
	陈列柜、橱窗	货物所在平面	200	300	500
自选商场营业厅		750 mm 水平面	150	200	300
收款处		收款台表面	150	200	300
库房		750 mm 水平面	30	50	75

（2）交通流量和防火安全是商业空间设计中非常重要的问题。在店面分区上，首先应解决功能流程的问题，一般在店中要分出主道和次道以及聚散区域，通道宽度从 1 m 至 4 m，甚至 6 m 不等，应该根据货柜展区的情况来确定人流的宽窄度，以达到合理地利用公共空间的目的。穿行在开放区的人流较大，由于和主入口、公共区域邻近，所以必须留出足够的人流疏散面积，一般考虑 5 ~ 8 人并排穿行的距离，以每人正常尺度 800 mm 自由宽度为准，通道需要 4 ~ 6 m 的宽度，每个相邻货区间的通道尺度最小可为 1 m。另外，应充分考虑店堂空间中的声音、光线和空气温湿度等方面的因素，如背景音乐的使用可以弱化商场内嘈杂的噪声，照明的设计需要考虑不同的显色要求，尽量使商品在不同灯光照射下呈现更好的效果。

（3）由于购物心理和购物行为多种多样，对购物环境也有相应的多样化要求，主要包括便捷性、选择性、识别性、舒适性和安全性等五个方面。便捷性指的是商业内外空间都要有方便购物的通道和设施，选择性指的是集中摆放同类商品以便于选择，识别性指的是设计独特以便于识别和记忆，舒适性指的是内部购物环境、周边环境（如停车场等）及附加设施的便捷舒适，安全性则指店堂必须保证有足够的顾客个人空间，防火设备、安全避难通道等必须齐全，给顾客以安全感。另外，货真价实和热情的服务也能给人以安全感。

2. 商业空间的形式特点

商业空间的形式与所销售的商品密切相关，不同商业空间满足不同消费者及不同场合的需要，常见的设计形式有以下六种。

（1）售货厅以小型、简单、实用为宗旨，注重地理位置和外观造型。

（2）中小型商店包括服装店、首饰店、鞋帽店、电器店、眼镜店、中小型百货店等。电器店、鞋帽店和服装店大多设计成开放式空间，以便顾客挑选，金银饰品店则一般以展柜形式陈列，如化妆品售卖柜台多采用倾斜式台面，以便观看和拿取，并且一般倾斜面的最低处距地面约 800 mm，最高点距地面约 1 200 mm。

（3）中小型自选商场要求简洁明亮，且无过多繁杂装饰，注重其功能性。

（4）大型百货商场的商品种类齐全，一般按层分区陈列商品，在醒目的位置设有购买引导牌，方便不同需求的人进行不同区域商品的选购，同时可以合理地利用建筑本身的柱网，使之和柜台式陈列品巧妙结合，既能充分利用空间又能美化整体环境。

（5）超级市场应注重其功能性。与自选商场类似，一般采用计算机统一管理，尤其需要考虑商品分区和人流路线的合理性，多采用开放式的销售区，展架高度约为 1 500 mm，以不阻挡人的视线为宜。

（6）购物中心功能齐全，是集逛、购、娱、食于一体的公共空间，其平面规划需要体现展示性、服务性、休闲性、文化性，由于空间相对较大，因此分别设置休息等候区、冷热饮区、吸烟区也是极为必要的。另外，购物中心多采用高、中、低矮展示柜的组合，从视觉上给人以错落有致的层次感。对于展柜的具体设计，人体工程学提倡在设计高展柜时重点考虑尺度的合理分配，高展柜一般分成四段：第一段距地面 600 mm，主要存放货品和杂物；第二段距地面 600 ～ 1 500 mm，为最佳陈列区域；第三段距地面 1 500 ～ 2 200 mm 的高度，不便于拿取，为一般陈列区，展示效果适合远距离观看；第四段的高度为 2 200 mm 以上，一般用于安放商品的广告宣传等（图 4-38 ）。

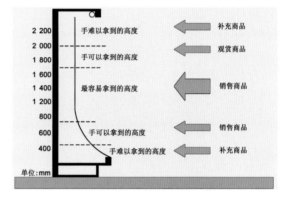

图 4-38　商品陈列特点

五、人体工程学与展示空间

1. 展示空间的空间组成

（1）大众空间。大众空间也可称为共享空间，是供大众使用和活动的区域，必须方便进出，应该有充足的空间让人们谈话和交流看法而不影响其他参观者，还应当提供休息、饮水的空间。其通道的宽度至少可以在容纳一个人站着观看或者弯腰低头观看的情况下，另外两个人可以同时通过。因此需要注意三个方面的问题：第一，在特定条件下，通道的感觉距离比实际距离更为重要，平直且无防护的通道容易令公众感觉枯燥，但如果略加曲折变化，同样的长度就会使人感觉很短并富有趣味性；第二，由于人们有安全感与私密性的心理需求，展示媒体立面的区域或单元与单元之间、展区与展区之间、展厅与展厅之间的空间过渡地区往往是最受欢迎的交谈、逗留的地带，这就是所谓展示观览的"边界效应"，因此在设计时应当考虑更好地运用边界效应；第三，在展示区域的大众空间中，需要提供适当的休息区，以满足更多人的需求（图 4-39 ）。

图 4-39　展示空间设计

（2）信息空间。信息空间是陈列展品、模型、图片、音像、展示柜、展架、展板、展台等的区域，包括垂直、水平、倾斜等多种设计手法。

（3）辅助功能空间。辅助功能空间是维修人员进行灯箱更换灯泡或者操纵演示展品等工作的空间，主要包括：储藏空间，主要用于存放简介和样品；工作人员空间，在设计时主要考虑其区位的合理性和隐蔽性；接待空间，主要用于接待重要客户，以更有效地推销展品。

2. 展示空间的空间形式

整体的展示空间环境主要包括序列空间形式和组合式空间形式（排列式或者散点式）两种布局形式。序列空间指的是沿着中轴线在三个或三个以上不同的连续展示空间内形成开始、高潮、结束的感知序列，组合式空间的布局形式则相对自由灵活。具体到单一的展示空间则主要包括外向式和内向式两种类型。外向式展示空间，又可以理解为岛屿式空间，它的各个方向都朝向人们开放，可以多角度多方位吸引参观者的注意，比较符合现代人的观赏心理需要，但这种展示形式较难监督且成本较高；内向式展示空间相对容易监督控制，最重要的设计目标就是吸引参观者进入。根据不同的展示内容和不同观展路线的要求，展示形式需要具有一定的灵活性，展厅面积的大小要根据展览内容的性质和规模来确定（表4-8）。

表4-8　展示空间的面积标准推荐值

展示空间的使用性质	地区会议中心兼展厅	商品展销厅	大型展览会
展示空间的面积/m²	净面积：1 000～1 100	净面积：2 300以上	净面积：5 000以上
标准推荐值/m²	总面积：1 800～2 300	总面积：4 600以上	总面积：10 000以上

3. 展示空间的处理手法

动线和时序是组织整体展示空间的主要方法，动线是观众在展示空间中的运行轨迹，时序则是总的动线，即决定经过各大展示空间时间顺序的路线。展示空间一般都依照动线来组织设计，对动线的要求主要是明确顺序性、便捷性及灵活性。依照动线组织展示空间的方法有由线产生动线、由点产生动线和由网格产生动线。由线产生动线指的是展示空间可以沿着动线安排，动线可以是直线、曲线或折线，为了保证其连贯性和顺序性，展厅之间的动线应该首尾衔接，这种方法较多运用于出入口稳定、进深浅、房间小的展示建筑；由点产生动线指的是动线由端点和节点构成，端点即出入口，节点即观众在移动过程中需要选择的路口连接点，围绕端点和节点安排动线会产生放射、多核等形状；由网格产生动线即由线和点产生的综合动线，一般常用于无立柱的大型空间中，是现代经贸展示的常用动线格式（图4-40）。

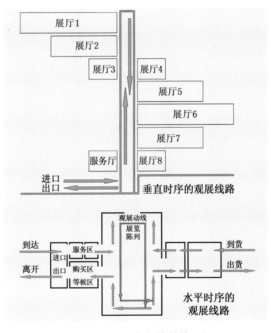

图4-40　展示空间的整体组织

　　具体来讲，单一展示空间的布局类型主要有五种：第一，临墙布置法，也称线形布置法，采用这种类型布置的展品多为一面观或三面观的展品，进深窄、开口少的展厅较适合这种类型，便于动线的连接；第二，中心布置法，即通过中心位置的特殊造型突出重点展品，展品多为四面观或成簇状，展示的位置一般处于多条动线交汇的节点部位；第三，散点布置法，这是中心布置法的发展，由多组四面观的展品集合布置在同一展厅中而形成的平面类型；第四，网格布置法，这种布置法通常以标准摊位的形式出现；第五，混合布置法，这是一种综合类型，大都是以一种类型为主，兼有其他类型的混合布置方法（图4-41）。

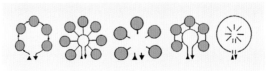

图4-41　展示空间的陈列布局类型

　　单一展示空间的处理一般可以从以下几方面着手：第一，竖向垂直处理，物体的竖向垂直距离越高，水平观赏距离就要求越远，一般来说，人体视力高度是16 m（地面以上），若展品的垂直高度约为1 m，则观众就需要在距离展品1 m的地方观看才会觉得舒服。因此，展示空间内的观赏视距最好设计为展品高度的1.5～2倍，通常可以按展品高度的1.5倍来考虑（表4-9）。展品大时，视距必须大，展品小时，视距可以相应减小。第二，水平横向处理，这种手法在展示设计中运用最为广泛，它包括围隔空间法、联系空间法和渗透空间法。围隔空间法主要是利用人们的猎奇心理，通过围而不隔、隔而不围及又围又隔的虚实空间变换吸引参观者进入；联系空间法主要是利用人们的向光性等心理，通过街道和展览馆入口之间的过渡处理，增加展示空间的统一性和明确导向功能；渗透空间法则是通过借景等园林艺术手法，向人们展现一种"山重水复疑无路，柳暗花明又一村"的景象。

表 4-9　展品陈列视距参考值

展品性质	展品高度 /mm	视距 /mm	展品性质	展品高度 /mm	视距 /mm
展板	600	1 000	展板	5 000	4 000
展板	1 000	1 500	高展柜	1 800	400
展板	1 500	2 000	平展柜	1 200	200
展板	2 000	2 500	中型实物展示	2 000	1 000
展板	3 000	3 000	大型实物展示	5 000	2 000

4. 观展行为习性

展示空间的设计不仅要求空间功能合理、视觉效果独特，而且需要符合人们的观展心理和行为习性，通常包括以下几个方面的内容：第一，求知性，这是观众的行为动机之一，要求展品的内容新颖；第二，猎奇性，这是人的行为本能，侧重于展品陈列方式的独特性；第三，渐进性，由于人对知识的追求是一个循序渐进的过程，这就要求展示对象具备完整的内容，并按一定的秩序布展；第四，抄近路性，这也是人们的行为本能，要求充分考虑展区的安排和展品的位置，避免参观者因为不愿意绕道而漏看展品；第五，向左拐、向右看的心理，这是多数观众进入展厅后的观赏习惯；第六，向光性，这也是人的本能，因此在展品陈列时，不仅要求亮度充足，还要避免展厅环境照度水平过高而影响观展（图 4-42）。

图 4-42　展示空间设计

以人体行为习性为参考，展示空间的定位具有以下几方面的特性：第一，特定的空间位置。不同的展示空间有不同的表现形态和特点，可以在每个区域设置一定的标识，以便观众判断自身的位置。第二，便捷的路线。为了使观众能够较快地明确自身位置，展示路线的设计需要更加简捷，不能过分曲折，尤其要避免形成迷宫。第三，展厅出入口的形态和标识需要有显著的特点，以便观众识别记忆，同一层展厅内的每一段展线，其起始点都需要设置一个明确的判断点，以便于观众选择。当展线较长需要转折时，其前后、左右、上下的方向判断点也应该具有显著的特点和设置指示标识。

5. 展示环境

（1）照明环境。一般来说，展示空间较多采用高侧光和顶光，其照明环境必须满足以下要求：第一，照度必须充足，以便观众正确辨别展品的颜色和细部特征。展示空间内的照度与视距也有直接的关系，展厅内光线充足、照度较高时，视距可以大；反之，视距应该小，以便看清展品。第二，光线照度应分布合理。第三，展厅内应避免光线直射观众和眩光。第四，合理选择灯具，其布局排

列需要考虑最终的视觉效果。一般情况下，展品的亮度与
基础照明的亮度对比约为 3：1，展品与展厅的其他较暗
部分（地面、墙壁等）的亮度对比以不超过 10：1 为宜，
展柜内的照度应为基础照度的 2 ~ 3 倍。此外，展示环境
的基础照明应比其他公共场合（观众厅、会议厅、办公厅
等）的基础照明略暗，以此来突出展品。展示空间内的局
部照明包括展柜灯光、从顶棚向下照射的下射灯光和隐蔽
灯光，可以采用聚光灯和泛光灯用于加强展橱、展柜、展
架及展品的照明亮度。下射灯光能有效地照亮展台表面及
以上若干部位，向下照射的角度一般不宜超过 45°，以免
产生镜面反射光（图 4-43）。

（2）温湿环境。一般性的展厅较多考虑的是观众的温
湿环境，但特殊展品（贵重物品、书画等）与永久性陈列的
展厅则需要考虑展品的温湿度，通常采用空调系统，环境温
度宜控制在 20 ~ 30 ℃，相对湿度以不大于 75% 为宜。

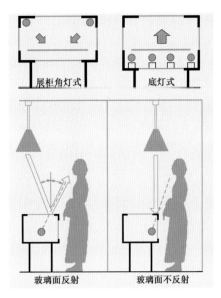

图 4-43　展示柜照明示意图

6. 常用展具的尺度

展具主要包括展台、展架、展柜、支架、展板、灯箱等（表 4-10）。大面积摆放展品的展台
造型包括平直式、斜边式和阶梯式三种类型。仅摆放少量或单件展品的展台造型多呈立方体、圆柱
体、三棱体等简洁的几何形体，尺度的变化幅度较大，如立方体的平面尺寸有 200 mm×200 mm、
400 mm×400 mm、600 mm×600 mm、900 mm×900 mm、1 200 mm×1 200 mm，圆柱体的
柱顶平面尺寸为 200 mm×400 mm、400 mm×600 mm、500 mm×1 000 mm，圆柱体的直径
为 300 ~ 800 mm；在高度上有 200 mm、400 mm、600 mm、800 mm、900 mm、1 200 mm 和
1 500 mm 等多种尺寸。

表 4-10　常用展示道具尺寸参考值

道具类别		长度 /mm	宽度或深度 /mm	高度 /mm	
				总高度	底部至地面高度
展台	高展台	400 ~ 1 600	400 ~ 1 400	—	400 ~ 1 400
	矮展台	—	700 ~ 900	—	100 ~ 300
展柜	高展柜	1 800 ~ 2 400	450 ~ 1 500	1 800 ~ 2 200	400 ~ 800
	平展柜	1 200 ~ 1 500	700 ~ 1 500	1 050 ~ 1 200	400 ~ 800
屏障	屏风	> 2 000	> 100	3 000 左右	800
	展板	600 ~ 1 800	—	1 800 ~ 2 500	800
	隔板	2 000 ~ 4 000	—	—	2 000 ~ 3 500
标牌	标题牌	900 ~ 2 400	厚度 20 ~ 40	—	—
	说明牌	400 ~ 1 200	—	800 ~ 1 400	—
	广告牌	> 1 500	—	—	> 2 000
	小标签	70 ~ 200	—	—	50 ~ 120
方向标		—	—	1 600 ~ 2 200	
栏杆柱		柱直径 15 ~ 30，柱底座直径 150 ~ 300		550 ~ 900	—

高展柜的顶部一般都设有灯槽，以便进行展柜内部照明。矮展柜可以分为平面柜和斜面柜两种，平面柜的总高度为 1 050 ~ 1 200 mm，长度为 1 200 ~ 1 500 mm；斜面柜的总高度约为 1 400 mm，宽度（深度）为 700 ~ 900 mm。桌式展柜（平柜）的底座或腿高约为 1 000 mm，总高度约为 1 400 mm，内膛净高约为 300 mm。立式展柜的总高度为 1 800 ~ 2 200 mm，抽屉底板距离地面高度为 800 ~ 1 000 mm。布景箱的总高度为 1 800 ~ 2 500 mm，甚至还可以更高；深度为 900 ~ 1 500 mm，甚至还可以更深。

一般屏风的高度为 2 500 ~ 3 000 mm，单片宽度为 900 ~ 1 200 mm，独立式的宽度为 500 ~ 8 000 mm，具体的尺寸需要根据展示空间的大小和展示要求进行灵活调整。墙面和展板上展品陈列的高度区域为地面以上的 800 ~ 3 200 mm（或距离地面 900 mm、1 200 mm 以上的高度区域），因受观众参观角度的限制，陈列高度不宜超过 3 500 mm，通常陈列高度是在距离地面以上 800 ~ 2 500 mm，通常展板底边距离地面的高度为 800 ~ 1 100 mm。展示空间内的画镜线高度一般约为 3 500 ~ 4 000 mm，国际惯例为 3 800 mm，通常采用木条、铝合金或槽钢制作而成。展示空间内的通道宽度一般按照 3 ~ 5 股人流并行的状态进行计算（每股人流的宽度约为 600 mm），主通道宽度按照 8 ~ 10 股人流计算，次通道宽度按照 4 ~ 6 股人流计算，因此通道的最小宽度为 2 000 ~ 3 000 mm。单向人流通行的通道宽度为 3 000 ~ 4000 mm，双向人流并行的通道宽度为 5 000 ~ 6 000 mm，甚至还可以更宽，以免产生拥挤现象。在展品高大且需要环视的情况下，展品周围应该预留宽度为 800 ~ 2 000 mm 的回旋余地（图 4-44 和图 4-45）。

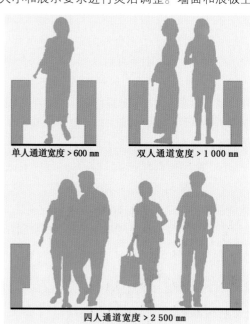

图 4-44　展示空间中人流与通道的关系

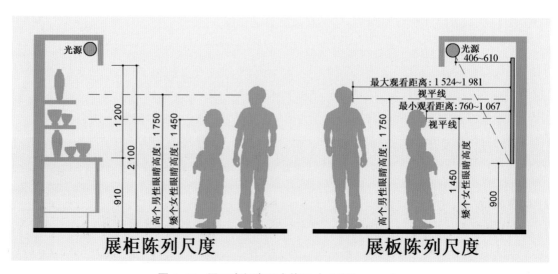

图 4-45　展示空间常用人体尺寸（单位：mm）

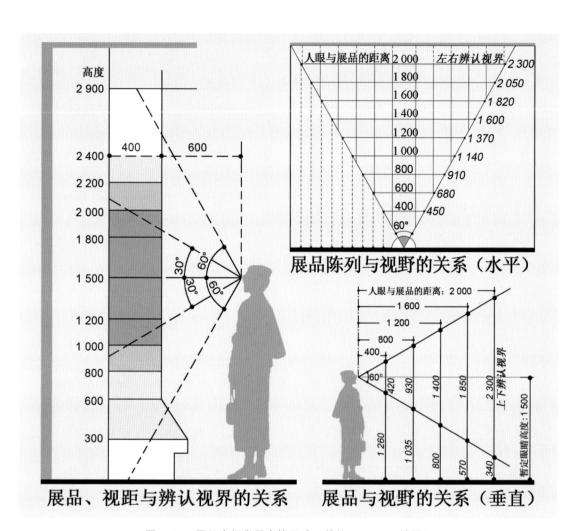

图 4-45　展示空间常用人体尺寸（单位：mm）（续图）

第三节　人体工程学在景观设施设计中的应用

　　环境是社会生活的重要组成部分，优质的社会环境会给人带来轻松、愉悦、放松心情的精神感受，会给忙碌不堪的人带来精神上的舒缓和身心上的放松。因此，景观环境的舒适性、合理性、自然融洽性显得尤为重要。

　　在景观环境中，人们的活动主要是娱乐、休闲、游憩、闲谈和观赏等。涉及的景观设施主要有休息设施、卫生设施、照明设施、信息设施和交通设施等。

一、休息设施

　　景观环境中的休息设施主要有公共椅凳、坐墙、亭、廊等。

1. 公共椅凳

公共椅凳的设计应满足人体舒适度的要求，普通座面高为 38 ~ 40 cm，座面宽为 40 ~

45 cm，单人椅的长度为 60 cm 左右，双人椅的长度为 120 cm 左右，三人椅的长度为 180 cm 左右，靠背座椅的靠背倾角在 100° ~ 110° 为宜。休息椅多采用木材、石材、混凝土、金属、陶瓷、雕塑等材料，如图 4-46 所示。

图 4-46　公共椅凳

2. 坐墙

坐墙通常是采用混凝土、石材、砖等材料建造而成的，坐墙宽度与没有靠背的长椅的宽度相似，理想高度应该在 43 cm 左右，如图 4-47 所示。

3. 亭、廊

亭、廊在景观中也是休息系统中的重要组成部分，人们通常通过亭、廊进行休息和交谈活动。亭一般为四角亭、六角亭、三角亭、圆亭以及组合亭。一般亭的高度为 2.4 ~ 3 m，宽度为 2.4 ~ 3.6 m，立柱间的距离在 3 m 左右。其材质一般为经过防腐处理的耐久性强的木材。廊的宽、高的设计是按照人的尺寸比例关系进行设计的，高度一般为 2.2 ~ 2.5 m，宽度为 1.8 ~ 2.5 m。柱间距比较大，纵列间距为 4 ~ 6 m，横列间距为 6 ~ 8 m，如图 4-48 所示。

图 4-47　坐墙

图 4-48　亭、廊

二、卫生设施

卫生设施包括垃圾桶、烟灰缸、公共厕所等。

1. 垃圾桶

垃圾桶是保持景观环境的重要设施之一，在保护环境清理垃圾的同时，由于垃圾桶的不断创新，新材料的大胆运用，垃圾桶在可以实现占地面积减小但容量不变的基础上，也成了景观环境中环境小品的一部分，从侧面美化了环境。其基本尺寸为 670 mm×330 mm×900 mm。在公园等大型景观环境中，因人流量较大，所以要求垃圾桶应具有较大容量以降低垃圾过度堆积造成的环境污染。公园一般都使用 40 cm×80 cm×100 cm 左右的房型垃圾桶，或者直径 25 cm，高度70 cm 左右的圆形垃圾桶，如图 4-49 所示。

2. 烟灰缸

烟灰缸是供人们吸烟所用的设施，是既能解决人们的需要，又能尽可能地保护环境的设施。烟灰缸的高度一般在 60 cm 左右，高度分为站着的高度和坐着的高度，站着的高度在 90 cm 左右，坐着的高度在 45 cm 左右，如图 4-50 所示。

3. 公共厕所

公共厕所应该设置在主要交通干道两侧，建筑面积应该在 15 ~ 25m² / 千人。男女便位设置的比例应该在 1：1 或者 3：2；大便便位尺寸应该为（1.0 ~ 1.2）m×0.85 m×1.20 m；小便便位

图 4-49　垃圾桶

图 4-50　带烟灰缸垃圾桶

站立尺寸应该在 0.7 m×0.65 m，间距应该在 0.8 m；单排便便位的走道宽度应该在 1.30 m 左右，双排便便位的走道宽度应该在 1.50 m 左右，便位间隔板高度应该不低于 0.9 m。

三、照明设施

景观是开放性空间，所以在开阔地带、绿化区域的照明通常采用的是光源为 5 ~ 12 m 高的柱杆式汞灯。而在柱杆式照明方面，一般采用高 15 ~ 30 m 的高柱杆安装灯具照射绿地、广场和种植物丰富的地方；用高 10 m 左右的扩散型灯具照射公园道路和广场周围环境；用高 4 ~ 6 m 的扩散型灯具照射公园的步行路和分散的绿化带群。在脚灯照射方面，一般采用高 10 ~ 100 cm 的照明，用于花坛、种植绿化带和道路。

景观的照明设施既要符合夜间照明的使用，也要在白天能营造出造景的效果。根据不同的地方，照明设施也不同。

在主次道路上要求照度不宜太高，应在 10 ~ 20 lx，安装高度在 4 ~ 6 m，灯具要选用带有遮光罩的照明灯具。人行道、台阶踏步要求照度在 10 ~ 20 lx，安装高度在 0.6 ~ 1.2 m，选用光线柔和的照明灯具。树木的绿化照明要求照度在 150 ~ 300 lx；花坛、围墙要求照度在 30 ~ 50 lx；草坪上要求照度在 10 ~ 50 lx，安装高度在 0.3 ~ 1.2 m。运动场、儿童游乐设施、健身活动场所要求照度在 100 ~ 200 lx，安装高度在 4 ~ 6 m，选择向下照射并带有艺术性的照明灯具。小广场要求照度在 50 ~ 100 lx，安装高度在 2.5 ~ 4.0 m。水下景观照明要求照度在 150 ~ 400 lx，使用 12 V 的安全电压。标志、门灯的照度要求在 200 ~ 300 lx；单元门出入口要求照度在 50 ~ 70 lx；疏散口要求照度在 50 ~ 70 lx；雕塑照明要求照度在 100 ~ 200 lx；建筑立面的照明要求照度在 150 ~ 200 lx。

四、信息设施

景观中的信息设施主要包括广告栏、告示牌、指示牌、解说指示、计时器等。通常边长小于 0.6 m 的为牌，长度大于 1 m 的集合形版面为板，较长的为栏，最长的称为廊。

由于景观的占地面积较大，对区域的指向性的要求就比较高，所以在景观中具有指向性的环境标志就显得尤为重要。信息设施应采用独立式、悬挂式、悬臂式和嵌入式的固定方式，高度一般应设在人站立时平视视线范围以内，如图 4-51 所示。

图 4-51　指示牌

五、交通设施

景观中的交通设施主要包括不同道路的铺装、台阶和坡道、自行车停放、道路分隔设施、井盖等。

1. 道路

景观道路的坡度根据道路级别的不同，要求也不同。一般城市景观道路的最大纵坡不大于 8%，园路不大于 4%，自行车专用车道的最大纵坡不大于 5%，轮椅坡道一般在 6% 左右，人行道纵坡一般不大于 2.5% 并且要采用防滑道路防止雨天路滑摔倒。一般室外踏步高度应该在 12 ~ 16 cm，踏步宽度应该在 30 ~ 35 cm，不低于 10 cm 的高差，并且选用防滑材料铺砖，并要有 1% 的排水坡度。

2. 自行车架

自行车架的排放一般考虑整齐性、存量、管理性、美观性，摆放方式一般采用单侧摆放、双侧摆放、射线性摆放等。单侧摆放一般分平行式、斜角式。平行式要求与道路成 90°，一般存车间距在 0.6 m，占用地面积为 0.6 m × 1.86 m；斜角式要求与地面成 30° ~ 45°，车辆占用地面积 30° 时为 0.8 m²，45° 时为 0.82 m²。双侧摆放一般为对称、背向、面向交叉式及两侧段差式。面向交叉式占地面积为 0.99 m²，两侧段差式占地面积为 0.69 m²。

3. 硬质铺地

广场景观的硬质铺地主要铺装方式为现浇地面、块材铺装和弹性材料铺装。广场铺装大多采用尺寸大的方砖、石板、预制混凝土块材料等。通常铺砖块会留 10 mm 宽的凹缝以加强地面的尺寸感。大的场地通常是留 300 mm 宽的拼缝加强空间的尺度感。

4. 台阶

台阶的设计要求高度在 0.4 ~ 0.6 m，宽度在 0.3 m 左右。当长度超过 3 m 的时候，两个台阶中间要设置休息平台，平台的宽度应小于 1.2 m。

5. 路障

路障用来阻隔交通工具的通行，保障行人的安全和畅通。其基本尺寸为（1 165 ± 300）mm × 610 mm × 610 mm，地面伸出柱的尺寸为 600 mm × 219 mm。交通入口是广场中道路与其他通道连接的入口，一般设置在路面交叉地带，方便通行且不易造成堵塞。

6. 护栏

护栏一般分为矮栏、高栏和防护栏。矮栏的高度在 30 ~ 40 cm，用于绿地边缘，适用于场地的空间划分；高栏的高度在 90 cm，用于阻隔人与物体的接触；防护栏的高度在 100 ~ 120 cm 以上，用于防护围挡，一般设置在高台的边缘，给人以安全感。不同功能的护栏高度如表 4-11 所示。

表 4-11　不同功能的护栏高度

功能要求	高度 /m
隔离绿化植物	0.4
限制车辆进入	0.5 ~ 0.7
标明分界区域	1.2 ~ 1.5
限制人员出入	1.8 ~ 2.0
供植物攀缘	2.0 左右
隔噪声石栏	3.0 ~ 4.5

7. 扶手

扶手一般设置在斜坡和台阶的两侧，高度一般在 90 cm 左右，一般有 3 级以上的台阶就要求设有扶手，以方便老人和残疾人士的上下，而轮椅的坡道的扶手高度应该设置在 0.65 ~ 0.85 m，以便上下。

◎ **本章小结** ···◎

本章立足于人体工程学在环境空间设计中的实际应用，通过对室内设计和景观设施设计的分析，加深学生对人体工程学的认识，有助于运用理论指导实践。

◎ **思考与实训** ···◎

1. 思考在家居环境设计中要考虑哪些人体工程学因素，自选应用案例进行说明分析。

2. 思考在商业空间设计中要考虑哪些人体工程学因素，自选应用案例进行说明分析。

3. 思考在餐饮空间设计中要考虑哪些人体工程学因素，自选应用案例进行说明分析。

CHAPTER FIVE

第五章 人体工程学与家具设计

知识目标

了解人体的基本动作，熟悉坐卧类、凭依类以及储存类家具的设计要点。

能力目标

能够运用人体工程学知识进行家具设计。

第一节 人体基本动作分析

家具不仅是人类最常用的生活用品，还是具有丰富文化内涵和艺术特征的陈设品。在室内空间环境中，人体与家具的接触最为密切，家具的舒适度可以直接影响人体的各项活动（图5-1）。中国古代明式家具在很多方面就已经鲜明地展示了人体工程学的潜在意识，如明式家具把座面前沿、扶手、靠背等与人体直接接触的部位都设计成圆滑过渡状，其靠背的S形曲线正好与人体脊柱的形状相适应，扶手的高度恰到好处，采用榫卯结构，没有钉、胶的痕迹，既坚固又环保。现代家具设计的人体工程学研究越来越广泛地受到关注，提出了"以人为本"的设计原则，进一步以科学的观点研究家具与人体的相互作用，力求以人体动作姿势和身体结构特征为依据进行家具的合理化设计，以此来调整体力损耗，减少肌肉疲劳，从而极大地提高工作效率。具体而言，家具设计中对于人体动作的研究主要包括以下几方面的内容：

（1）立。人体最基本的一种动作姿势就是站立，站立是由骨骼和无数关节支撑的。当人体在站姿下进行各种活动时，人体的骨骼和肌肉都处于变换和调整状态中，如果人长期处于某一种单一状态，他的某部分关节和关联肌肉就会处于紧张状态，从而导致身体疲劳。

（2）坐。人们站立一段时间后，容易导致腿部发麻、全身疲劳，这时人体就需要变换姿势。当人坐下休息时，人体的躯干结构就不能保持原有的平衡，必须倚靠适当的平面和靠背倾斜面以支撑和保持躯干的平衡，使骨骼和肌肉获得合理的放松。因此，座椅及相关配套家具设计的合理性直接影响人体坐姿的舒适度（图5-2）。

（3）卧。除了站姿和坐姿，人体大部分时间处于卧姿状态。躺卧是人体最好的休息方式，在卧姿状态下，人体脊椎的压迫状态能够得到真正的放松。因此，床垫的优劣直接影响人睡眠、休息的质量（图5-3和图5-4）。

图 5-1　家具

图 5-2　座椅

图 5-3　床

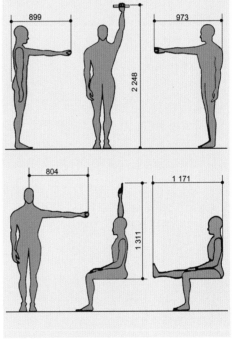

图 5-4　常用人体功能尺寸（单位：mm）

第二节　人体工程学在坐卧类家具设计中的应用

一、座椅的设计要点

1. 座椅的总体尺寸设计

座椅是种类和造型变化最为丰富的一种家具（图 5-5）。与直立站姿相比，坐姿有利于身体下部的血液循环，减少下肢的肌肉疲劳，同时有利于保持身体稳定。坐姿状态下工作可以提高工作效率、减轻劳动强度。设计舒适的座椅甚至可以减缓工作的压力、减轻腿部肌肉的负担、防止不自然的躯体姿势、降低人体的能耗量；但是，设计不合理的座椅会使大腿和脊柱的椎间受到压迫，座椅靠背的倾角和形状也可以影响椎间盘和背部肌肉，进而损害人体健康。总的来说，座椅设计的人体工程学基本原则是：根据不同的用途设计不同的座椅形式和尺度，以人体测量数据为依据设计座椅的靠背、腰部支撑结构和扶手，并能使人体自由变换动作和位置；椅垫要有一定的厚度、硬度和透气性，以确保体重均匀分布于坐骨结节区域。座椅的设计主要包括以下几个方面内容。

（1）坐高。即座面与地面的垂直距离，若椅子的座面呈倾斜状，通常以前座面高度作为椅子的坐高。坐高的合理与否是影响坐姿舒适度的重要因素之一，坐高不合理会直接导致不正确的坐姿，长时间不合理的坐姿会使腰部产生疲劳感。坐高太高，会导致人双脚悬空，腿部重量压迫大腿血管，影响血液循环；坐高太低，会导致大腿沾不到座面，身体压力集中于坐骨点，长时间坐着会产生疼痛感，还会导致人体形成前屈姿态，从而增加背部肌肉的活动强度；座面太低的座椅还会使人体重心偏低，不能迅速适应人体起立的动作转换。简而言之，舒适的坐姿是大腿接近水平状态，双脚接触地面。通常坐高应略小于小腿腘窝到地面的垂直距离，适宜的坐高应该以第5个百分位的人体测量数据为设计定位，以人体小腿腘窝到脚跟的垂直高度与鞋厚度（20～40 mm）之和，再减去10～20 mm的功能修正量后所得的数据为设计依据，以满足大多数人的需要。我国男性小腿腘窝到脚跟的垂直距离约为407 mm，女性约为382 mm，一般椅凳类家具的座面高度可以分为400 mm、420 mm、440 mm三种规格，以便大批量生产加工（图5-6）。

（2）坐深。即座面的前沿至后沿的距离，如果座面深度大于大腿的水平长度，会导致腰部缺乏支撑点而悬空，进而加大腰部肌肉的活动强度，加速人体产生疲劳，并且座面太深会使膝盖部位麻木，难以适应人体起立时的动作转换。因此在座椅设计中，坐深通常应小于坐姿时大腿的水平长度，使座面前沿到小腿之间预留60 mm的间隙，以保证小腿的自由活动。我国男性的大腿水平长度约为445 mm，女性约为425 mm，一般座椅的坐深为380～420 mm（图5-7）。

图 5-5　沙发设计

图 5-6　座椅设计

图 5-7　沙发细部

（3）坐宽。由于人体坐姿及动作一般呈前宽后窄的形状，座椅的宽度应使臀部得到全部支撑并预留适当的活动余地，以便人体坐姿的变换。我国男性的臀宽约为309 mm，女性约为329 mm，一般来说，座椅的坐宽不应小于380 mm。设有扶手的座椅以扶手内宽作为坐宽的尺寸，一般以人体肩宽尺寸与适当余量之和作为设计依据，我国男性的肩宽约为 430 mm，女性约为 410 mm，有扶手的座椅坐宽一般不应小于 460 mm（图 5-8）。

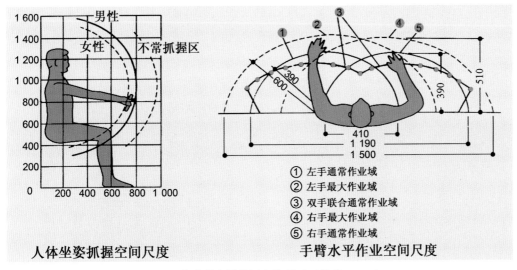

图 5-8　座椅类家具常用人体尺寸（单位：mm）

（4）座面倾斜度。座椅的功能不同，座面的倾斜度也不同。不同的座面倾斜度会导致不同的椎间盘内压力以及背部肌肉负荷。如果座面倾角较大，在办公桌前工作时，身体会用力前倾，引起椎间盘内压力和胸部、背部肌肉负荷增大，因此一般工作座椅的座面以水平为宜，绘图椅等具有特殊用途的座椅甚至可以考虑座面略向前倾斜；而休息座椅大都设计成向后倾斜状，在一定范围内的倾角越大，休息的功能性越强，但若倾角太大，则不便于起立，如老年人的座椅面倾斜度就不宜过大，一般座椅的座面倾斜度为 3°～5°。

（5）靠背。靠背是水平座面以上的支撑物，其主要作用是使人体的躯干部位得到充分支撑，特别是使人体的腰椎部位获得舒适感，因此靠背的形状需要与人体坐姿状态下的脊椎形状基本吻合，一般靠背的上沿不宜高于人体的肩胛骨部位（相当于第 9 胸椎，高度约为 460 mm）。休闲座椅由于靠背高度的增加，靠背的倾斜角度也随之增大，在一定功能范围内，靠背与水平座面的倾斜度夹角越大，休息的功能性越强，如躺椅的靠背倾斜度夹角较大，靠背高度超出肩胛骨高度，颈部需有额外支撑；而工作座椅则应将靠背倾斜度减小，甚至接近垂直状态，从而扩大活动范围，提高工作效率。对于专供特殊操作的工作座椅，靠背高度要更低一些，一般主要支持位置在上腰凹部第 2～4 腰椎部位，高度为 185～250 mm。

（6）弹性。座面太软则身体下沉量大、腿部夹角减小、腹部受压、起立困难，靠背上部过软则胸腔受压，腰部靠背过软则缺乏支撑力度。一般而言，工作座椅的座面和靠背以半软或稍硬为宜，休息座椅的座面和靠背使用弹性材料可以增加舒适度，但也不宜太软，以免造成起立困难（图 5-9）。

（7）扶手。扶手的高度、倾斜度及扶手宽度对座椅的使用效果均能产生重

图 5-9　沙发设计

要影响，扶手太高会导致两肩高耸，肩部肌肉处于紧张状态；扶手太低会使肘部不能自然下垂至支撑面，从而导致肘部疲劳。根据人体测量数据，扶手上表面至座面的垂直距离为 200 ~ 250 mm（注：软座椅需要减去座面的下沉量），扶手可以随座面倾角和靠背倾角的变化而适度变化，扶手倾斜度一般为 ±（10 ~ 20）°，而扶手水平方向的左右偏角约为 ±10°，一般与座面的形状基本吻合。扶手内宽应略大于肩宽，一般不小于 460 mm，沙发等休闲座椅的扶手内宽可加大到 520 ~ 560 mm。

座椅设计的部分相关数据可参见表 5-1。

表 5-1　座面倾角、靠背倾角和靠背支撑点

项目	座倾角 /（°）	背倾角 /（°）	必要支撑点
工作座椅	0 ~ 5	100	腰靠
轻工作座椅	5	105	肩靠
小憩座椅	5 ~ 10	110	肩靠
休息座椅	10 ~ 15	110 ~ 115	肩靠
带枕躺椅	15 ~ 25	115 ~ 123	肩靠加颈靠

2. 座椅的尺寸设计

座椅根据其功能用途可以分为三类：休息座椅、工作座椅和多功能座椅。下面仅对休息座椅和工作座椅进行介绍。

（1）休息座椅。休息座椅与工作座椅相比，更强调全身肌肉的松弛和脊椎形状的自然。休息座椅可分为轻度休息椅、中度休息椅和高度休息椅。轻度休息椅的靠背较高，适用于较长时间会议和会客；中度休息椅的腰部位置较低，适合家庭客厅和会议室长时间休息和会客使用，如沙发等；高度休息椅的靠背与座面的倾斜度夹角较大，一般设有头部倚靠和脚凳，可供轻度睡眠使用。具体尺寸如图 5-10 所示。

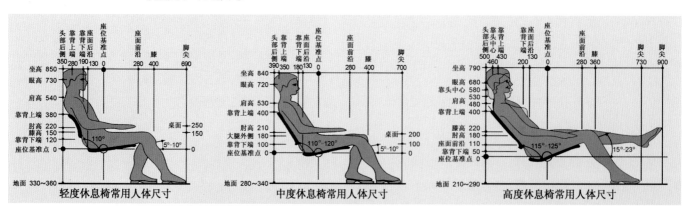

图 5-10　休息座椅常用的人体尺寸（单位：mm）

①一般休息座椅的设计首先要使肌肉、骨骼得到放松，尽量保持脊柱的正常形状、椎间盘的受压力最小、背部肌肉得到最大放松，甚至可以兼具可调节功能，以适合不同身材、不同年龄的大多数人使用。

②沙发和躺椅是休息座椅中最典型的类型，也是日常生活中使用最普遍的家具种类，沙发的尺

度与弹性材料的软硬度有密切关系，其具体的尺寸定位在满足一般休息座椅尺寸的基础上，还可以有更多的细部考虑，如沙发的靠垫就是影响尺寸设计的一个重要因素，设有靠垫的沙发进深要适当增加，靠垫的软硬度也要适中，靠垫太软则不能使脊柱获得良好的支撑（表5-2）。另外，沙发的结构也是影响其舒适度的因素之一，以往的沙发多采用盘簧结构，时间长了弹簧易失去弹性而变硬，极大地影响沙发的舒适度，现在的沙发结构有了很大的改进，多采用蛇簧或盘簧结合厚坐垫的结构形式，更广泛地满足了使用者的需求。一般来说，双人沙发的总长度为 1 260 ~ 1 500 mm，三人沙发的总长度为 1 750 ~ 1 960 mm，四人沙发的总长度为 2 320 ~ 2 520 mm（图5-11）。

图 5-11　休息座椅设计

表 5-2　沙发座椅的适度弹性

沙发座椅部位	座面		靠背	
	小沙发	大沙发	上部	托腰
压缩量 /mm	70	80 ~ 120	30 ~ 45	< 35

沙发和躺椅的常用尺寸可参考表 5-3。

表 5-3　沙发和躺椅的常用尺寸参考值

家具	坐高 /mm	坐宽 /mm	坐深 /mm	夹角 / (°)	扶手高 /mm	背高 /mm	腰高 /mm	颈高 /mm
沙发	380 ~ 400	500	500 ~ 550	105	250	450	250	630
躺椅	370	550	500	120	—	—	—	—

（2）工作座椅。以往的办公座椅使用的是就餐椅或普通座椅，而现代办公座椅则有了较高的要求，北欧一些设计师在工作座椅的人体工程学研究方面取得了很大的成就。芬兰设计师约里奥·库卡波罗在工作座椅的设计研究方面做出了很大的贡献。20 世纪 70 年代的能源危机致使设计上广泛采用塑料和钢铁的时代宣告结束，进入了强调人体工程学和环保的新设计时代，在现代设计史上被称为"人体工程学和生态科学的黄金时代"。库卡波罗在这一时期做了大量的人体测量工作，在材料上开始放弃塑料和玻璃纤维钢，转而采用热压方式生产新的、具有环保内涵的木质夹板家具。库卡波罗主张"一张椅子的形状应该是人体形状的反映，好像人体一样柔软，同时具有美感"，他一直梦想有一种能做成空间曲面的材料，能完全依照人体曲线来制造椅子。他利用玻璃钢制成了一把被称为"全球最舒适的座椅"——卡路赛利椅（Karuselli Chair）（图5-12）。库卡波罗设计的适应人体脊柱和坐姿变化的多方位可调式工作座椅受到了很多人的青睐，他于 1978 年设计的费西奥椅（Fysio Chair）就是人体工程学研究的典范，这把椅子被称为"全世界第一把完全根据人体形态设计的办公室座椅"（图5-13）。

【知识拓展】坐卧家具制作

由于现代社会计算机的普及，VDT（Video Display Terminal）作业环境的人体工程学在欧美国家早已成为热点研究领域。在 1984 年的人体工程设计学会上，由瑞士 Erwin Hort 设计，Giroflex 公司制造的一种 VDT 作业椅引起了广泛的关注，该作业椅的最大特点是靠背随着倾角的变化能够进行灵活自由的上下倾斜移动，可保证在任何姿势下腰部支撑都处于最佳位置。根据相关研究发现，当靠背与座面的倾斜度夹角由 90° 转变为 105° 时，腰部也相应下移约 45 mm，传统的工作座椅在人体姿势变化的状态下不能保证正确的腰部支撑，而 Erwin Hort 设计的这种人体工程座椅则可以满足人体的更多需求（图 5-14）。

图 5-12　卡路赛利椅

图 5-13　费西奥椅

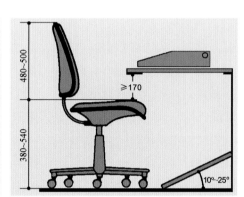

图 5-14　工作座椅尺寸参考值（单位：mm）

由此可见，在设计椅子时需要根据人体形态尺度和生理特征进行合理的尺度定位，尤其需要注意人体坐下去以后的座椅尺度，因为它才是决定人体坐姿是否舒适的依据。现代工作座椅的设计主要包括以下几个方面的人体工程学内容：第一，动态座椅，其设计特点是座椅能对就座者的动作与姿势做出相应调整；第二，膝靠式座椅，为了适应办公室工作，如打字、书写等的坐姿要求，座面应设计成向前倾斜式，并提供膝部下方至小腿中部的膝靠，以保持坐姿的平稳，这是一种打破传统座椅依靠臀部支撑身体上部重量的新型设计；第三，可组装移动式座椅，这种座椅主要从使用的灵活性和生产制造的便利性考虑，可以进行大批量重复生产，简单实用，但座椅的舒适度有待进一步提高。

总的来说，现代工作座椅的设计要点主要包括以下几个方面的内容：第一，工作座椅的结构形式尽量与坐姿状态下工作时的各种操作动作相适应，使工作者保持舒适稳定。第二，坐高和腰靠尽量设计成可调节式，腰靠甚至可以设计成无级调节式。第三，局部支撑的结构必须安全可靠。第四，各种外露的连接零部件必须过渡圆滑。第五，腰靠部位尽量具有一定的弹性和足够的韧性，倾斜角度不能超过 115°。第六，座椅应选择耐用、无毒的材料，腰靠和扶手部位需要选择柔软、透气性能好、吸汗的材料。一般来说，轻型工作座椅主要包括电子装配工人和学生使用的座椅，其特点是靠背较矮，靠背与座面的倾斜度夹角相对较小，约为 95°，座面倾角为 0°～3°。一般办公座椅的基本尺度是座面倾角为 2°～5°，靠背与座面的倾斜度夹角约为 110°，借助靠背支撑身体上部的休息。第七，设扶手必须保证高度舒适性和安全性，不能妨碍工作，一般情况下可以不设扶手，工作座椅若设扶手时，其相关尺寸应满足一定的条件（图 5-15）。

图 5-15　现代工作座椅

工作座椅的主要设计数据可参考表 5-4 和表 5-5。

【知识拓展】办公家具设计

表 5-4　工作座椅的主要设计数据

测量项目	参考值	备注
坐高 /mm	360 ~ 480	在座面上压以 60 kg、直径 350 mm 的半球状重物时的测量数据
坐宽 /mm	370 ~ 420，推荐值 400	在座椅转动轴与座面的交点处，或座面深度方向 1/2 处的测量数据
坐深 /mm	360 ~ 390，推荐值 380	在腰靠高约为 210 mm 处测量，且测量时处于非受力状态
腰靠长 /mm	320 ~ 340，推荐值 330	—
腰靠宽 /mm	200 ~ 300，推荐值 250	—
腰靠厚 /mm	35 ~ 50，推荐值 40	腰靠上通过直径为 400 mm 的半球状物，施力约为 250 N（牛顿）时的测量数据
腰靠圆弧半径 /mm	400 ~ 700，推荐值 550	—
座面倾角 /（°）	0 ~ 5，推荐值 3 ~ 4	—
腰靠倾角 /（°）	95 ~ 115，推荐值 110	—

表 5-5　工作座椅扶手的主要设计数据

测量项目	参考值	测量项目	参考值
扶手上表面与座面的垂直距离 /mm	230 ± 20	扶手长度 /mm	200 ~ 280
两扶手内侧的最大水平距离 /mm	500	扶手倾角 /（°）	固定式 0 ~ 5 可调式 0 ~ 20
扶手前边缘与座面前边缘的水平距离 /mm	90 ~ 170		

二、床的尺寸设计

人体睡眠质量的客观指标主要包括睡眠深度的生理反应和人体睡眠时的身体运动状态。一般来说，睡眠深度与人体睡眠时的活动频率直接相关，活动频率越高，睡眠深度越浅，睡眠质量也就越差。室内外空间环境的温湿度、通风、照明、空间形态、噪声以及人体的精神和心理状态等是影响人体睡眠质量的重要因素。除此之外，床是供人睡眠休息、消除疲劳、恢复体力和补充精力的主要家具（图 5-16），是决定人体睡眠质量和心理舒适感的直接因素，正如林语堂在《生活的艺术》中所说："我认为曲折蜷缩卧在床上是人生最大乐事之一。在这种姿势下，任何诗人都能写出不朽的佳作，任何哲学家都能使人信服，任何科学家都会有划时代的新发明。"因此，床的设计必须考虑与人体的相互关系，人体工程学在卧床类家具设计中的运用主要包括以下几个方面的内容。

图 5-16　床

1. 人体构造与躺卧姿势

人体在仰卧时的骨骼结构不同于站立时的骨骼结构,人体站立时,背部和臀部凸出于腰椎40～60 mm,呈 S 形,人体仰卧时,背部和臀部的差距减小,为 20～30 mm,腰椎接近伸直状态。人体站立时的身体各部分重量在重力方向上相互叠加,垂直向下,而当人体仰卧时,身体各部分重量同时垂直向下,因此,床体的各部分下沉量会随着人体不同部位体块的重量不同而产生变化。

2. 床垫的构造与材料

科学的快速发展使得床垫的生产越来越注重人体工程学的设计理念。有医学研究表明,人体平躺时身体各部位重量分布为臀部 40%、背部 15%、头部 10%、脚部 10%、腰部 25%,因此,现代床垫的设计方向是贴合人体曲线,准确地支撑头部、肩部、腰部和臀部四个压力部位,以更好地保证人体睡眠质量。若床垫太软,由于重力作用,会导致人体的背部和臀部下沉、腰部相对凸起,身体呈 W 形状,导致脊柱的椎间盘内压力增大,造成骨骼结构的不自然状态,进而导致肌肉和韧带处于紧张的收缩状态,时间长了就会产生不舒适感,需要通过不断翻身来调整人体敏感部位的受压状况,从而影响人体的睡眠质量;若床垫太硬,则会导致人体的各部位压力分布不均匀,背部接触面减少,背部肌肉收缩增强,局部压力增大,也会使人感到不舒适;若床体软硬适中,人体感觉迟钝的部位受压较大,感觉敏锐的部位受压较小,使人体体压的分布合理化,则会优化人体的睡眠质量。具体来说,床垫的软硬度应使背部与床面保持 20～30 mm 的空隙为好,此外,床垫需要选择舒适、保温、具有充分的吸汗和透气性能的材料(图 5-17)。

3. 枕头

枕头的高度也会直接影响人体的睡眠质量,一般枕头高度为 60～80 mm,成年人枕头高度可以略高,约为 150 mm,老年人和儿童的枕头略低,婴儿的枕头高度则应在 60 mm 左右,这样有利于大脑的正常供血、颈部肌肉的放松和肺部的呼吸通畅。枕头的材料选择需要考虑其触摸感、弹性、散热性和透气性,一般选用荞麦壳、谷壳、羽毛、棉等材料(图 5-18)。

图 5-17 床

图 5-18 枕头

4. 床体尺度

(1)床长。床长是指两头床屏或床架内的距离,除了考虑人体平躺时的身体长度以外,还需包含放置枕头和被子等其他物品的心理空间。一般情况下,床长约为人体平均身高的 1.05 倍与头前、脚后的心理空间余量之和，人体头前和脚后的心理空间余量一般均取 75 mm。根据《床类主要尺寸》（GB 3328—1982）的规定，成人床床面净长为 1 920 mm，也可以设计成 1 800 mm、1 860 mm、2 000 mm、2 100 mm 等不同长度，圆形床的直径约为 1 860 mm、2 125 mm、2 424 mm等。随着人们生活质量的逐步提升，中国轻工总会对 GB 3328—1982 进行适时修订，并发布实施《家具 床类主要尺寸》（GB/T 3328—1997），按照国家标准规定，床面长度增加了 1 970 mm、2 020 mm、2 120 mm 三档尺寸。目前 GB/T 3328—1997 已作废，被 GB/T 3328—2016 代替。修改单层床床铺面长为嵌垫式 1 900 ~ 2 220 mm，非嵌垫式 1 900 ~ 2 200 mm，双层床床铺面长为1 900 ~ 2 020 mm（图 5-19）。

（2）床宽。床体的宽度直接影响人体睡眠状态时的翻身次数和睡眠深度，人体在窄床上睡眠比在宽床上的翻身次数少。一般情况下，床宽为人体自然平躺时肩宽的 2.5 ~ 3 倍，根据人体测量数据，中国成年男性的肩宽约为 430 mm，女性约为410 mm。

（3）床高。床面高分为放置床垫和不放置床垫两种情况。床面高一般与座椅高度一致，以使床同时具有坐卧功能。另外，还需要考虑人穿衣、穿鞋等动作的舒适度。一般单层床高为 400 ~440 mm，床沿高度以使用者的膝部高度作为衡量标准，与之等高或略高 10 ~ 20 mm 均有益于健康，床体太高会导致上下床不便，太矮则容易受潮，并导致人们在睡眠时吸入地面灰尘，增加肺部的工作压力。双层床的层间净高必须保证下铺人在就寝和起床时有足够的动作空间。

图 5-19　床体设计

第三节　人体工程学在凭依类家具设计中的应用

一、坐姿用桌的尺寸设计

1. 高度

正确的桌椅高度应该能使人在坐着时保持两个基本垂直：一是当两脚平放在地面上时，大腿与小腿能够基本垂直，且座椅前沿不能对大腿下部的平面造成压迫；二是当两臂自然下垂时，上臂与小臂基本垂直，桌面应与小臂下部的平面接触，以保证人体的正确坐姿和书写姿势（图 5-20 和图 5-21）。如果桌椅高度搭配不合理，会直接影响人体的坐姿，不利于使用者的身体健康。过高的桌子会导致耸肩、脊椎侧弯、眼睛近视等问题，还易引起疲劳，降低工作效率；过低的桌子会导致人体脊椎弯曲度过大，造成背部肌肉疲劳从而形成驼背，腹部受压，妨碍呼吸及血液循环。对于一般性的坐姿作业，作业面的高度可以定位在肘部以下 50 ~ 100 mm 的位置，而精密作业的作业面高度则需要适当增加（表 5-6）。桌子的高度还应根据座椅的高度来确定，使桌面高和座椅面高度之间保持一定的尺度关系，即桌子的高度是人体坐高与桌椅面高差之和。桌椅面高差是一个非常重要的尺寸，是根据人体测量尺寸和实际功能要求确定的，一般选取坐姿状态下人体身高的 1/3，且应控制在 280 ~ 320 mm 的尺度范围之内。按照国家标准规定，桌面高度为 700 ~ 760 mm，级差为 20 mm，即桌面高度规格可分别为 700 mm、720 mm、740 mm、760 mm。在具体的室内家具设计中，一般餐椅高度为 450 ~ 500 mm，餐桌高度为 750 ~ 790 mm，其中，中餐桌的高度约 780 mm，西餐桌高约 750 mm；办公桌、计算机桌和会议桌的高度约为 760 mm，键盘架高度约为 730 mm，茶几的高度约为 450 mm，边桌的高度约为 580 mm，酒吧台的高度约为 1 150 mm。

图 5-20　桌椅组合关系示意

图 5-21　桌椅组合关系示意

表 5-6　坐姿用桌作业面高度的常用尺度参考值

作业类型	男性 /mm	女性 /mm
精密、近距离观察	900 ~ 1 100	800 ~ 1 000
读、写	740 ~ 780	700 ~ 740
打字、手工施力	680	650

2. 宽度和深度

桌面的宽度和深度定位应以人体坐姿状态下手能达到的水平工作范围为基本依据，并考虑桌面可能放置物品的性质及尺寸大小。按照国家标准规定，双柜写字台的宽度为 1 200 ~ 1 400 mm，深度为 600 ~ 750 mm；单柜写字台的宽度为 900 ~ 1 200 mm，深度为 510 ~ 600 mm，宽度级差为 100 mm，深度级差为 50 mm，以便适应批量生产的灵活性需要。餐桌及会议桌面尺寸以人均占有的周边长为设计参考，一般人均占有的桌面周边长为 550 ~ 580 mm，舒适长度为 600 ~ 750 mm。在具体的室内家具设计中，二人圆桌的直径一般约为 500 mm，三人圆桌的直径为 800 mm，四人圆桌的直径约为 900 mm，五人圆桌的直径约为 1 100 mm，六人圆桌的直径约为 1 100 ~ 1 250 mm，八人圆桌的直径约为 1 300 mm，十人圆桌的直径约为 1 500 mm，十二人圆桌的直径约为 1800 mm，餐桌的转盘直径为 700 ~ 800 mm；一般二人方桌的尺寸约为 700 mm×850 mm，四人方桌的尺寸约为 1 350 mm×850 mm，八人方桌的尺寸约为 2 250 mm×850 mm。

3. 桌下净空尺寸

为保证人体的下肢能在桌下放置与活动，桌下的净空高度应略高于双腿交叉时的膝部高度，并保证膝部有一定的上下活动余地，一般桌子抽屉下沿距离座椅面至少应有 178mm 的净空，按照国家标准规定，桌下的净空高度应 ≥ 580 mm，净宽应 ≥ 520 mm。更具体详细的尺寸可以查阅《家具桌、椅、凳类主要尺寸》（GB/T 3326—2016）。

二、站姿用桌的尺寸设计

1. 高度

人体在站立状态下使用工作台的高度是以人体站立时自然屈臂的肘部高度为设计依据进行定位的，最舒适的站姿用桌的工作面高度低于肘部高度 76 ~ 100 mm。我国男性肘部高度约为1 050 mm，女性约为 980 mm，适合男性的工作台面高度为 950 ~ 1000 mm，适合女性的工作台面高度为 880 ~ 930 mm。需要集中体力工作的台面，其桌面高度可略降低 20 ~ 50 mm。

2. 桌下空间

站姿用桌的下部不需要预留腿部活动空间，通常可以作为收藏物品的柜体使用，但需要在桌子底部预留放置足部的空间，以适应人体紧靠工作台时的动作需要，置足空间高度 ≥ 80 mm，深度宜为 50 ~ 100 mm。

第四节　人体工程学在储存类家具设计中的应用

储存类家具（图 5-22）与人体尺度的关系如下：

第一区域，以肩为轴的上肢半径活动范围，这是存取物品最方便、使用频率最多的区域，也是人的视线最容易看到的区域。

第二区域，从地面至人体站立时手臂自然下垂状态下指尖的垂直距离，即 603 mm 以下的区域，该区域存储不便，需要蹲下操作，一般存放较重且不经常使用的物品。

第三区域，若需扩大储存空间，节约占地面积，可以在 1 870 mm 以上的区域存放物品，一般可存放较轻的过渡季节性物品。具体尺寸可以查阅《家具 柜类主要尺寸》（GB/T 3327—2016）（图 5-23和图 5-24、表 5-7）。

图 5-22　立柜

【知识拓展】收纳柜设计

【知识拓展】柜类家具设计

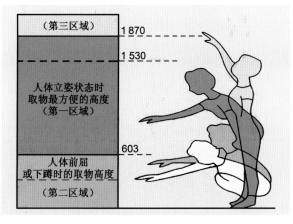

图 5-23　储存高度与人体尺度的关系（单位：mm）

图 5-24　储存类家具设计

表 5-7　柜类家具常用尺度参考值

家具	限定内容	尺度范围 /mm	家具	限定内容	尺度范围 /mm
书柜	高度 宽度 深度	≥1 200 150 ~ 900 300 ~ 400	文件柜	高度 宽度 深度	≥1 800 900 ~ 1 050 400 ~ 450
衣柜	宽度 挂衣杆底部至底板	≥500 ≥850	衣柜	顶层抽屉顶部至地面 底层抽屉底部至地面	≤1 250 ≥60

◎ **本章小结** ....⊙

　　本章首先简述了人体的基本动作，之后分类对人体工程学在不同种类家具设计中的运用进行了讲解。

◎ **思考与实训** ....⊙

　　1. 搜集相关资料，总结坐卧类、凭依类、储存类家具的基本功能尺寸。

　　2. 参观某家居市场，结合人体工程学相关知识，任意选择坐卧类、凭依类、储存类家具各一款，采用文字说明或图例表现的形式，分析其设计的合理性。

第六章 | 人体工程学与无障碍设计

知识目标

了解无障碍设计的定位、范畴及现状，熟悉无障碍设计在公共空间及住宅空间中的应用。

能力目标

能够进行符合无障碍设计规范的产品设计。

第一节 ● 无障碍设计基本知识

一、无障碍设计的定位

无障碍设计（Barrier Free Design）的概念最早出现于 1974 年，是联合国组织提出的设计新主张。无障碍设计强调在科学技术高度发展的现代社会，一切有关人类衣、食、住、行的公共空间环境及各类建筑设施、设备的规划设计，都必须充分考虑具有不同程度生理伤残缺陷者和正常活动能力衰退者（如残疾人、老年人）的使用需求，配备能够回应、满足这些需求的服务功能与装置，营造一个充满爱与关怀、切实保障人类安全、便利、舒适的现代生活环境。

无障碍设计首先在都市建筑、交通、公共环境设施设备及指示系统中得到体现，如城市步行道上为盲人铺设的走道和触觉指示地图，为乘坐轮椅者专门设置的卫生间、公用电话，兼有视听双重操作向导的银行自助存取款机等，进而扩展到工作、生活、娱乐中使用的各种无障碍器具。多年来，无障碍设计主张从关爱人类弱势群体的视角出发，力求使产品设计更趋于合理与人性化。

无障碍设计的基本宗旨就是"无障碍、无危险、任何人都应该受到尊重"。基于对人类行为、思想意识与动作反应的深入研究，致力于优化一切为人所用的物质环境的设计，在操作界面的使用上去除让使用者感觉困难的障碍，为使用者提供最大可能的便利，这就是无障碍设计的基本思想。当然，虽然无障碍设计重视残疾人、老年人的特殊需求，但它并非只针对残疾人和老年人群体，它还专注于开发人类共用的产品，即能够回应和满足所有使用者需求的人性化产品。无障碍环境是残

【知识拓展】十大无障碍设计

疾人等弱势群体走出家门、参与社会活动的基本条件，也是为老年人、妇女、儿童和其他社会成员提供便利的重要前提（图6-1）。

　　无障碍环境主要包括物质环境的无障碍、信息和交流的无障碍。物质环境的无障碍主要是要求城市道路、公共建筑物和居住区的规划、设计、建设应方便残疾人使用和通行，如城市道路应满足轮椅使用者、拄拐杖者和视力障碍者通行，建筑物应考虑在出入口、电梯、扶手、厕所等空间设置便于残疾人使用的设施等；信息和交流的无障碍主要是要求公共传播媒介应保障存在听力、语言和视力障碍的人能够获得信息、进行交流，包括影视字幕、盲文、手语等。另外，在一些含不安全因素及无明确导向的环境中需要特别设置清晰、准确的无障碍标志，以免摔倒、跌落、碰撞、夹伤、火灾、危险物接触等安全事故的发生（图6-2）。

图6-1　无障碍空间　　　　　　　　　　　　图6-2　无障碍停车位的标识

二、无障碍设计的范畴及现状

　　在进行无障碍标识设计的时候，需要考虑以下几个方面的内容：第一，字体形式。图表与文字相结合的方式更容易被视力障碍者、智力障碍者和识字不多的人群识别。由于人是通过识别字形而理解字义的，因此每一个字体的表现形式都应该简洁明了，尽量减少烦冗、复杂的线形装饰，在正规场合一般使用宋体、黑体等正规字体，并制作触摸时过渡圆滑的立体字，方便残障人士触摸识别。第二，色度。字体与背景的色度对比需要保持一定的级别差。第三，背景。字体与背景的对比度越大越容易识别，另外还需要考虑字体与背景的反射度。第四，方向。一般来说，竖向排版的字体比横向排版的字体更难辨认。

　　城市"无障碍环境"的建设意味着方便所有人的生活，提升整个城市的生活品质。它是残障人士、老人、妇幼、伤病等相对弱势人群充分参与社会生活的前提和基础，从侧面反映了一个社会的文明进步程度，对培养全民公共道德意识、推动和谐社会的建设具有重要的作用。在美国、日本、韩国等一些国家，由于无障碍设施投入使用较早，各种设施相对完善（如日本的城市街道大都设有各种完备的无障碍设施，道路与商业设施设有清晰、明确的指示系统，各道口、电梯不仅设有盲文，还有语音提示系统，地铁内设有设计良好的视觉引导系统），任何人几乎都能通过图形化的信息找到目标地点（图6-3）。目前，我国的城市正在大力投入使用无障碍设施，如在各大商业空间中提供了方便残障人士及母婴使用的卫生间设施，在火车站、地铁、飞机场中也设置了方便轮椅通行的通道和设施，很多社区内的无障碍坡道已经成为必备的硬件设施，但从整体来看，我国各大城市的地铁、商场、医院、图书馆、活动中心等大型公共室内空间还没有形成一套完整的、以人为本的无障碍环境的建设方案。因此可以说，我国"城市无障碍环境"的建设具有极大的发展潜力（图6-4）。

图 6-3　无障碍设计

图 6-4　无障碍设计

第二节　公共空间的无障碍设计

　　为了规范建设无障碍设施，原建设部下发了《城市道路和建筑物无障碍设计规范》，其中有24 条为工程建设强制性标准，于 2001 年 8 月 21 日起开始执行。目前适用的最新标准为《无障碍设计规划》（GB 50763—2012）。国际通用的无障碍设计标准大致包括以下六个方面的内容：第一，在盲人经常出入的位置设置盲道，在十字路口设置利于盲人辨认方向的音响设施；第二，所有建筑物走廊的净宽≥1 300 mm；第三，门廊的净宽≥800 mm，采用旋转门的建筑出入口需单独设置残疾人出入口；第四，电梯的入口净宽≥800 mm；第五，公共卫生间应设置带有扶手的坐便器，隔断门应做成外开式或推拉式，以保证内部空间便于轮椅进出；第六，在一切公共建筑的出入口处设置坡道，其坡度≤1/12（图 6-5）。具体地讲，公共空间的无障碍设计主要包括以下几个方面的内容。

图 6-5　无障碍空间

一、城市道路

1. 人行道的无障碍设施与设计规范

　　人行道在交叉路口、街坊路口、单位出入口、广场出入口、人行横道及桥梁、隧道、立体交叉口等路口应设置缘石坡道，缘石坡道下口与车行道地面的高度差不得大于 20 mm；城市主要道路、建筑物和居住区的人行天桥和人行地下通道，均应设置轮椅坡道和安全梯道，在坡道和梯道两侧均应设置扶手，城市中心地区也可以设置垂直升降梯代替轮椅坡道；城市中心区道路、广场、步行街、商业街、桥梁、隧道、立体交叉口及主要建筑物地段的人行道均应设置盲道，人行天桥、人行地下通道、人行横道及主要公交车站均应设置提示盲道；人行横道的安全岛应能保证轮椅的正常通行，城市主要道路的人行横道宜设置过街提示的音响信号；在城市广场、步行街、商业街、人行天桥、人行地下通道等无障碍设施的位置，应设置国际通用的无障碍标志。另外，在人行天桥下方的三角空间区域内高度 2 000 mm 以下的部位应安装防护栅栏，并在结构边缘外围设置宽度为 300 ~ 600 mm 的提示盲道。

　　2. 盲道的设计规范

　　在人行道上设置的盲道位置和走向应便于视力障碍者安全行走和顺利到达无障碍设施的目标位置。一般指引视力障碍者向前行进的盲道应为条形的行进盲道，在行进盲道的起点、终点和拐弯处应设置圆形点状的提示盲道，行进盲道和提示盲道的宽度宜为 300 ~ 600 mm。盲道触感条一般宽度约为 25 mm、高度约为 5 mm，触感条上表面接触部分以下的砖体厚度应与人行道砖保持水平一致，以免因高差不一致导致安全事故。盲道应远离井盖，并呈连续不间断的铺设形式，中途不得有电线杆、拉线、树木等障碍物中断盲道，盲道与障碍物的距离宜为 250 ~ 500 mm，其颜色宜为鲜艳醒目的中黄色。另外，在城市主要道路和居住区的公交车站，应特别设置提示盲道和盲文站牌，提示盲道的长度宜为 4 000 ~ 6 000 mm（图 6-6）。

二、出入口与大厅

　　建筑出入口轮椅通行平台的最小宽度应符合如下规定：大、中型公共建筑出入口轮椅通行平台的最小宽度 >2 000 mm，小型公共建筑出入口轮椅通行平台的最小宽度 >1 500 mm；中、高层建筑和公寓建筑出入口轮椅通行平台的最小宽度 >2 000 mm，多、低层无障碍住宅和公寓建筑出入口轮椅通行平台的最小宽度 >1 500 mm；无障碍宿舍建筑出入口轮椅通行平台的最小宽度 >1 500 mm（图 6-7、表 6-1）。

图 6-6　无障碍设施

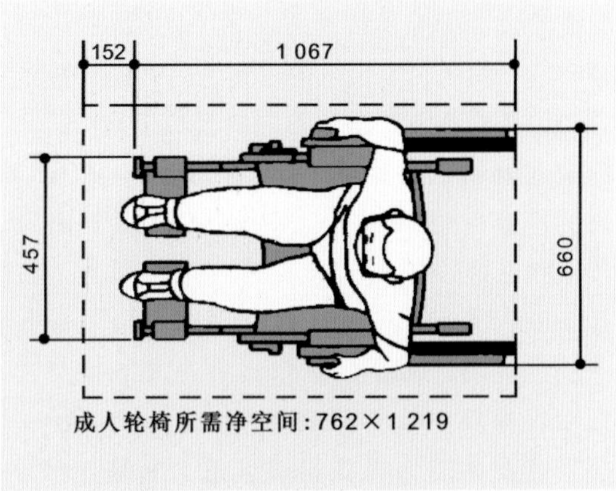

图 6-7　成人轮椅的空间余量与尺寸参考值（单位：mm）

表 6-1　轮椅常用尺度参考值

测量项目	尺度参考值 /mm	测量项目	尺度参考值 /mm
手柄高度	915	膝部高度	685
扶手高度	760	座面高度	485
总高度	1 065	脚部高度	205
总宽度	660	眼睛高度	1 090 ~ 1 295

可供视力障碍者使用的出入口、台阶踏步的起点和电梯的门前，宜铺设可触觉提示的地面块材。公共建筑中的旋转门非常不便于乘坐轮椅的人、行动不便的残疾人、盲人及衰弱的老年人使用，有时甚至会发生危险。因此，在任何安装旋转门的外环境中，都必须设置一个辅助开启的平开门。根据人体工程学中关于无障碍设计的研究，平开门开启的容易程度由大到小分别为自动推拉门 > 手动推拉门 > 手动平开门，对于无障碍设施来说，安装自动推拉门是最合适的选择。由于大面积的玻璃门和无门框的玻璃门容易发生撞伤事故，玻璃门上必须设置明显的提示信号，或者在玻璃门的下方安装踢脚板。门把手宜选择圆形和椭圆形等触感光滑、温暖的材质。

总的来说，供有障碍人士使用的门应符合以下规定：第一，采用自动门，也可以采用推拉门、折叠门或平开门，不应采用力度大的弹簧门；第二，在旋转门一侧应另外设置残疾人使用的门；第三，可供轮椅通行的自动门净宽 >1 000 mm，推拉门和折叠门净宽 >800 mm，平开门净宽 >800 mm，较小力度的弹簧门净宽 >800 mm；第四，在供乘坐轮椅者开启的推拉门和平开门把手一侧，应预留墙面净宽 ≥ 500 mm；第五，可供乘坐轮椅者开启的门扇，应安装视线通透的观察玻璃、横握把手和关门拉手，在门扇的下方应安装高约 350 mm 的护门板；第六，门扇应便于使用一只手操纵开启，门槛高度及门内外地面高度差 ≤ 15 mm，并应采用斜面过渡的铺设形式。

在公共空间的大厅内应设置简单明了的指示标识，服务问讯台也应设置在明显的位置，还可以设置为盲人服务的触摸式盲标和声音提示系统等无障碍设施，大厅的地面宜采用防滑材料，以免发生滑倒等安全事故。

三、坡道

单面坡缘石坡道可采用方形、长方形或扇形，方形、长方形单面坡缘石坡道应与人行道的宽度相呼应，扇形单面坡缘石坡道下口宽度 ≥ 1 500 mm，设在道路转角处的单面坡缘石坡道上口宽度 ≥ 2 000 mm，单面坡缘石坡道的坡度 ≤ 1/20（图 6-8）。在不同坡度的情况下，坡道高度和水平长度的对应关系参见表 6-2 和表 6-3。

图 6-8　无障碍空间

表 6-2　坡度与坡道高度、水平长度的关系

坡度	1/20	1/16	1/12	1/10	1/8
坡道最大高度 /m	1.50	1.00	0.75	0.60	0.35
坡道水平长度 /m	30.00	16.00	9.00	6.00	2.80

表 6-3　坡道坡度参考值

使用者	坡道水平长度		
	< 3 000 mm	3 000 ~ 6 000 mm	> 6 000 mm
能够行动的残疾人	1/9	1/12	1/12
独立使用轮椅者	1/10	1/16	1/20
有护理员的坐轮椅者	1/9	1/12	1/20
乘坐电动轮椅者	1/16	1/16	1/20
全部使用者	1/8	1/12	1/12

一般而言，坡道纵断面的倾斜坡度最好在 1/14 以下，一般宜为 1/12，室外宜为 1/20 以下；为方便残疾人使用，当坡道的水平长度较长时，每间隔 9 ~ 10 m 应设置一处停留的休息平台，其深度大于或等于 1 200 mm，若需改变行进方向，休息平台的深度不得小于 1 500 mm，在坡道的最低处和最高处的休息平台深度也不能小于 1 500 mm（图 6-9）。另外，与坡道配套设置的扶手应该始终保持连续不间断。

四、走廊与出入通道

关于轮椅通行的走廊和出入通道的最小宽度规定：大型公共建筑走廊的最小宽度 ≥ 1 800 mm，中、小型公共建筑走廊的最小宽度 ≥ 1 500 mm，检票口、结账口轮椅通道的最小宽度 ≥ 900 mm，住宅建筑内公共走廊的最小宽度 ≥ 1 200 mm，建筑基地人行通道的最小宽度 ≥ 1 500 mm。

一般而言，轮椅容易通行的走廊有效宽度 >1 200 mm，若需要为轮椅提供 180° 的回转空间，走廊的有效宽度则需要 ≥ 1 500 mm，两辆轮椅交错通行所需要的有效宽度 ≥ 1 800 mm（图 6-10）。另外，可以通过墙地交接处的 45° 墙角板或圆弧状墙角处理防止轮椅通过所造成的局部墙壁损坏；在较为复杂的室内空间，可以通过变化地面材料使视障者易识别方位；在容易发生危险的地方，可以通过强烈的色彩和照明引人注意；楼层、室内名称等也应考虑视力障碍者的阅读便捷性，文字、号码均应采用较大的字体或制作成凸凹的立体字体；走廊和通道内尽量不要出现高度差，在走廊的两侧墙面，应该在高度约为 900 mm 的部位设置连续不间断的扶手。

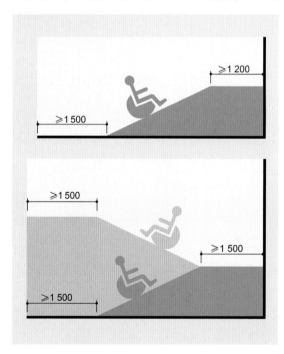

图 6-9　坡道休息平台的最小深度尺寸（单位：mm）

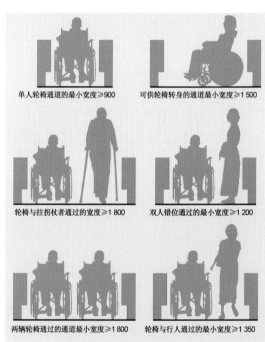

图 6-10　无障碍通道的最小宽度尺寸（单位：mm）

五、楼梯与电梯

人体工程学对于楼梯的无障碍设计做了以下几个方面的分析：第一，供拄拐杖者和视力障碍者使用的楼梯形式不宜采用弧形，也不宜采用没有踢面的踏步和凸沿为直角的踏步；第二，当踏步两侧或一侧悬空时，应设置阻挡设施以防止拐杖滑出（图 6-11）；第三，台阶中每个踏步的尺寸应尽量保持一致；第四，台阶的有效幅宽 >1 200 mm，每个踏步的高度为 100 ~ 160 mm，宽度为 300 ~ 350 mm；第五，楼梯扶手与墙壁之间宜保留 40 mm 的距离，并为儿童和老年人单独设置较低的扶手；第六，台阶附近需局部加强照明，或者通过色彩对比起到突出警示的作用。

在公共建筑空间中配备电梯时，必须设置无障碍电梯，电梯门净宽 >800 mm，电梯内部的轿厢深度 >1 400 mm，轿厢宽度 >1 100 mm，轿厢正面和侧面应设置高度为 800 ~ 850 mm 的扶手，轿厢侧面设置高度为 900 ~ 1 100 mm 的盲文选层按钮，在轿厢正面高度约为 900 mm 处至顶部应安装镜子，轿厢上下运行进度及到达层数应有清晰的图像显示和报层音响提醒。

六、扶手

人体工程学对于扶手的无障碍设计做了以下几个方面的建议：第一，在坡道、台阶、楼梯、走道的两端应设置扶手；第二，台阶、坡道起点和终点的扶手端部应水平延长约 300 mm；第三，一层扶手的高度为 800 ~ 850 mm，两层扶手的高度约为 850 mm 和 650 mm；第四，扶手的形状应容易抓握且牢固，扶手端部宜设计成圆滑曲面的形状，或直接延伸至墙体内；第五，可以设置向内凹入墙体的扶手，既不占据交通空间，又可防止意外撞伤；第六，在交通建筑、医疗建筑和政府接待部门等公共空间中，扶手的起点和终点部位应设置盲文说明牌（图 6-12）。

七、公共卫生间

一般而言，在政府机关和大型公共建筑及城市的主要路段，应设置无障碍专用厕所或无障碍厕位。公共空间中无障碍卫生间的位置应尽量设置在利用率较高的通道等容易被发现的位置，通常设在大厅或楼梯附近，各楼层的卫生间位置和方位应尽量保持一致（图 6-13）。公共卫生间的无障碍设施设计应符合规定（表 6-4）。

图 6-11 无障碍楼梯

图 6-12 无障碍扶手设施

图 6-13 无障碍卫生间设施

表 6-4 公共卫生间的无障碍设施设计要求

设施类别	无障碍设计要求
专用厕所	使用面积 > 2 000 mm × 2 000 mm
出入口	与室外地面的坡度 ≤1/50
通道	地面防滑且不积水，通道宽度 ≥1 500 mm

续表

设施类别	无障碍设计要求
洗手盆	距洗手盆两侧 50 mm 处应设置安全抓杆，为轮椅预留 1 100 mm × 800 mm 的使用面积
小便器	小便器两侧和上方应设置宽度为 600 ~ 700 mm、高度约为 1 200 mm 的安全抓杆，小便器下口至地面的高度 ≤ 500 mm
无障碍厕位	男、女公共厕所应各设一个无障碍隔间厕位，厕位面积不应小于 1 800 mm × 1 400 mm，厕位入口净宽 > 800 mm，门扇内侧应设关门拉手，坐便器高度约为 450 mm，坐便器两侧应设置高度约为 700 mm 的水平抓杆，墙面一侧应设置高度约为 1 400 mm 的垂直抓杆
安全抓杆	安全抓杆直径为 30 ~ 40 mm，安全抓杆至墙面的距离约为 40 mm，抓杆安装必须牢固
挂衣钩	距地面高度 ≤ 1 200 mm
呼叫按钮	距离地面 400 ~ 500 mm 高度处应设置呼叫按钮

第三节 住宅空间的无障碍设计

在住宅室内空间中，一般桌子下部应预留乘坐轮椅者的脚踏部位插入的必要空间，其水平高度 ≥ 600 mm、进深 ≥ 450 mm，可供乘坐轮椅者使用的有效幅宽为 700 ~ 800 mm。书架类家具的进深最好小于 400 mm，上部门尽量采用横拉或上下拉的开启方式，电器开关与插座等器具的设置位置不宜太高或太低，距地面高度 500 ~ 1 000 mm 的位置较为适宜。人体工程学关于住宅空间内厨房和卫生间的无障碍设计具体分析如下。

一、厨房

为满足残障人士的使用需要，厨房的平面布局宜采用 L 型和 U 型，以便于轮椅移动，满足轮椅使用者要求的操作台高度为 750 ~ 850 mm，灶台上的控制开关最好设在前面，并安装温度鸣响装置（图 6-14、表 6-5）。

图 6-14 无障碍厨房

表 6-5 厨房最小净宽尺度参考值

厨房典型平面布局形式	单排型	双排型	L 型	U 型
厨房最小净宽（不设辅助管线区）/mm	1 400	1 700	1 700	2 100
厨房最小净宽（设置辅助管线区）/mm	1 500	2 100	1 800	2 400

二、卫生间

根据相关住宅设计规范的要求，住宅卫生间设施的相关尺寸关系如下：第一，蹲便器中心点至有竖管侧墙的水平距离 ≥ 450 mm、距无竖管侧墙的水平距离 ≥ 400 mm，蹲便器中心点至侧面器具的水平距离 ≥ 350 mm，蹲便器后沿与墙的水平距离 ≥ 200 mm、前沿与墙或其他器具的水平距离 ≥ 400 mm；第二，坐便器中心点至有竖管侧墙的水平距离 ≥ 450 mm、距无竖管侧墙的水平距离 ≥ 400 mm，坐便器中心点至侧面器具的水平距离 ≥ 350 mm，坐便器前沿与墙或其他器具的水平距离 ≥ 500 mm；第三，淋浴喷头中心点至侧墙的水平距离 ≥ 450 mm，喷头中心点与其他器具的水平距离 ≥ 350 mm；第四，洗脸器中心点至侧墙的水平距离 ≥ 450 mm，洗脸器边沿与其他器具的水平距离 ≥ 100 mm、与浴盆可重叠 50 mm，洗脸器前沿与墙或其他器具的距离 ≥ 600 mm；第五，供水管外壁与墙的距离 ≥ 20 mm，排水管外壁的一侧距墙约 80 mm，另一侧与墙的距离 ≥ 50 mm（图 6-15 和图 6-16）。

图 6-15　无障碍卫生间

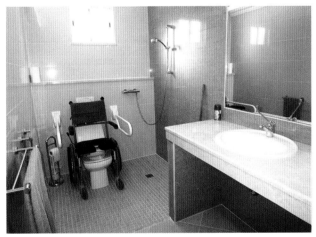

图 6-16　无障碍卫生间

一般来说，住宅卫生间的无障碍设施与设计应符合以下规定：第一，出入口位置不设高差，入口处脚垫的厚度和卫生间内外地面的高差 ≤ 20 mm；第二，供乘坐轮椅者使用的便器两侧需加扶手；第三，确保轮椅的回转空间，空间的水平圆面直径约为 1 500 mm；第四，坐便器高度为 420 ~ 450 mm，需与乘坐轮椅者的坐高一致，以便移动位置；第五，扶手必须坚固，尽量使水平扶手与轮椅扶手的高度保持一致；第六，在坐便器上手能够到的位置，或摔倒在地上也能操作的位置设置紧急电铃；第七，选用防滑的地面材料，地面、墙面、卫生设施等采用便于辨认的对比色彩，尽量避免使用令弱视者感觉不安的发光材料；第八，为方便乘坐轮椅者使用，洗脸池顶部高度约为 800 mm，池底高度约为 650 mm，进深为 550 ~ 650 mm；第九，由于轮椅的脚踏板容易与存水弯发生碰撞，应尽量选用短管形式或者横向弯管形式的存水弯；第十，不宜采用旋转式水龙头，尽量选用把手式、脚踏式、自动开关式的水龙头；第十一，由于乘坐轮椅者的视点偏低，镜子的下部至地面的高度约为 900 mm，或者将镜子设置成向前倾斜的形式；第十二，在浴室设置停放轮椅的空间及照顾者的空间，浴池与轮椅尽量保持水平等高，可以设置水平方向的扶手以起到支撑作用，设置垂直方向的扶手以起到牵引作用，弯曲或倾斜状的扶手则兼具支撑和牵引的功能（表 6-6）。

表 6-6　住宅卫生间常用尺度参考值（单位：mm）

项目	尺度参考值（注：净尺寸，特殊情况可以有 ±50 的调整量）
水平长向距离 /mm	900，1 100，1 200，1 300，1 500，1 600，1 800，2 100，2 400，2 700，3 000
水平短向距离 /mm	900，1 100，1 200，1 300，1 500，1 600
垂直方向高度 /mm	≥ 2 000

◉ **本章小结** ··◉

　　本章阐述了无障碍设计的基本知识，并就无障碍设计在公共空间及住宅空间中的应用进行了讲解。

◉ **思考与实训** ··◉

　　试选取生活中常见的无障碍设计产品，并分析其有何优点或不足。

第七章 | 作品欣赏

图 7-1

图 7-2

图 7-3

图 7-4

图 7-5

图 7-6

图 7-7

图 7-8

图 7-9

图 7-10

图 7-11

图 7-12

图 7-13

图 7-14

图 7-15

图 7-16

图 7-17

图 7-18

图 7-19

图 7-20

图 7-21

图 7-22

参考文献

[1] [美]卢安·尼森，[美]雷·福克纳，[美]萨拉·福克纳，等. 美国室内设计通用教材（上、下册）[M]. 陈德民，陈青，王勇，等，译. 上海：上海人民美术出版社，2004.

[2] 杨玮娣. 人体工程与室内设计 [M]. 北京：中国水利水电出版社，2005.

[3] 丁成章. 无障碍住区与住所设计 [M]. 北京：机械工业出版社，2004.

[4] [英]詹姆斯·霍姆斯－西德尔，[英]塞尔温·戈德史密斯. 无障碍设计 [M]. 孙鹤，等，译. 大连：大连理工大学出版社，2002.

[5] 杨明彦，林关成. 人机工程学 [M]. 南京：南京大学出版社，2016.

[6] 李岩，汤子凤. 人体工程学 [M]. 南京：南京大学出版社，2018.